国家林业和草原局普通高等教育"十

遥感数字图像处理

吴 静 主编

中国林业出版社

内 容 简 介

本教材分为两部分，上篇介绍遥感图像处理的基础，包括遥感图像处理的内容、对象、方法，具体介绍了数据源、图像预处理、图像增强与变换、图像分类、开发语言(IDL、Matlab)；下篇设计了一系列练习内容，深化对第一部分内容的理解，并用于解决遥感图像处理的实际问题。

本教材可作为高等院校地学、林学、草业科学、生态学、土地资源管理、环境科学等专业本科生的教材或参考书，也可供其他各专业领域从事相关科学研究与业务的人员参考。

图书在版编目(CIP)数据

遥感数字图像处理／吴静主编．—北京：中国林业出版社，2018.6(2024.1)
国家林业和草原局普通高等教育"十三五"规划教材
ISBN 978-7-5038-9615-6

Ⅰ.①遥… Ⅱ.①吴… Ⅲ.①遥感图像–数字图像处理–高等学校–教材 Ⅳ.①TP751.1

中国版本图书馆 CIP 数据核字(2018)第 131967 号

国家林业和草原局生态文明教材及林业高校教材建设项目

中国林业出版社·教育出版分社
责任编辑：范立鹏
电话：(010)83143626

出版发行	中国林业出版社(100009 北京市西城区刘海胡同 7 号)	
	E-mail：jiaocaipublic@163.com	
	http://lycb.forestry.gov.cn	
经　销	新华书店	
印　刷	北京中科印刷有限公司	
版　次	2018 年 6 月第 1 版	
印　次	2024 年 1 月第 2 次印刷	
开　本	787mm×1168mm　1/16	
印　张	12.75	
字　数	320 千字	
定　价	42.00 元	

教学课件

《遥感数字图像处理》编写人员

主　　编　吴　静

副 主 编　李纯斌

编写人员　（按姓氏笔画排序）

李纯斌（甘肃农业大学）

吴　静（甘肃农业大学）

杨淑华（兰州大学）

张斌才（甘肃省基础地理信息中心）

张黎明（兰州交通大学）

前　言

　　遥感作为一项先进的对地观测技术，自 20 世纪 60 年代提出以来，得到了迅猛的发展，并上升为对地观测的空间科学。搭载在多种平台上的各种传感器以多种角度和分辨率对地表进行着密集、持续的观测，获取了海量的遥感数据，为各科学领域的研究者、各行业的用户提供了丰富可靠的对地观测数据获取途径。

　　遥感是一个完整的系统，遥感数据的获取只是其中的一步。从数据的获取到遥感的应用，必须经过遥感数据的处理，即以遥感专业软件或计算机语言为平台，根据研究目的和应用目标，从大量遥感数据中提取有效的遥感信息。遥感数据的获取和遥感信息的应用是遥感系统的两端，每天产生的大量数据是否能以有效的形式传递给终端用户，是遥感实用化的关键所在。尤其在遥感数据生产规模愈加庞大的今天，大量的数据如何变成可用的信息为科研和生产服务，更是一个迫切的问题。

　　遥感数字图像处理是推进遥感实用化的重要环节。掌握遥感图像处理的基础知识，并且在相关理论和方法的指导下，对图像根据实际需要进行处理，提取有用的信息，服务于科研及生产，使大量遥感数据在社会经济发展中发挥效用，是遥感图像处理的目的。

　　遥感数字图像处理是在遥感原理和方法的指导下，通过实际操作完成遥感信息提取的过程，所以既有原理方法，又有操作过程。遥感数字图像处理的原理涉及遥感物理、统计学、概率论，处理的技术涉及数学、信息学、计算机科学等。

　　本教材分为上下两篇，上篇为遥感数字图像处理基础，主要介绍遥感数字图像处理的基础知识，包括处理原理和方法；下篇设计了若干个实际练习内容。上篇共分 7 章，以对图像处理的认识和图像处理的内容为线索，由浅入深，层层推进。第 1 章绪论，介绍了遥感数字图像的基本概念和遥感数字图像处理的内容及层次；旨在建立基础的、全局性的概念和认识。第 2 章遥感图像，介绍了常用的遥感图像数据，重点介绍了遥感史上影响力大、应用面广、数据时间序列长的 Landsat 系列遥感图像数据，时效性好、波段数多、已形成规范产品系统的 Modis 数据，以及中国近年来发射的高分系列卫星图像数据，旨在使读者对遥感图像处理对象有较为具体的了解和认识。第 3 章遥感图像特征及预处理，介绍了遥感图像校正、镶嵌、裁剪等在提取信息之前必需进行的处理内容，包括几何校正、辐射校正的原理与方法。第 4 章遥感图像的增强与变换，介绍了根据应用目的和图像性质，选择适当的方法增加图像的可读性、提高地物可辨性。遥感图像的增强与变换方法众多，要根据实际情况选择使用。第 5 章遥感图像分类，介绍了各种遥感图像分类的方法及其原理。遥感图像分类是提取信息的常用方法。第 6 章 IDL 入门及应用，主要以案例方式介绍了 IDL 语言如何用于遥感图像处理。第 7 章 MATLAB 入门及应用，主要以案例方式介绍了 MATLAB 如何用于遥感图像处理。下篇为遥感图像处理实习，本篇内容以上篇为指导，设计了 17 个练习模块，练习内容涵盖图像数据的下载、预处理、增强与变换、图像分析和分类、语言基础及应用等方面。

本教材具体编写分工如下：上篇第 2 章、第 3 章由李纯斌编写；第 6 章、第 7 章由张黎明编写；其余章节由吴静编写。下篇由吴静、杨淑华和张斌才编写，设计的练习内容已于 2015—2017 年的本科教学实验中使用。全书由吴静和李纯斌统稿和定稿。

本教材在编写过程中参考了大量文献资料，包括网络资料，已尽力在书后参考文献中列出，若仍有疏漏，敬请包涵并联系我们以便再版时补入。

受笔者知识面、学识深度的局限以及资料限制，本书难免存在诸多疏漏和不足之处，期待各位读者和专家批评指正，以便进一步完善相关内容。

编　者
2018 年 6 月于兰州安宁

目 录

1

下篇 遥感图像处理实习

上　篇
遥感数字图像处理基础

第1章
绪 论

遥感数字图像处理的内容包括图像校正、图像增强和信息提取；处理的基本方法有空间域处理方法和变换域处理方法；在具体处理遥感数字图像时可分为 4 个层次：像元、邻域、纹理和对象。遥感数字图像常用的专业软件有 ENVI、ERDAS、PCI 等，也可利用 IDL、R、Python 和 MATLAB 等语言工具编程进行图像处理。

1.1 遥感数字图像的概念

遥感数字图像(remote sensing digital image)是以数字形式存储和表达的遥感图像。基本单元是像元(pixel)，又称为像素，本书统一称为像元。

遥感图像具有丰富的信息内容，包括地物的波谱信息，空间信息和时间信息。图像中每个像元的值——像元值(又称为亮度值、灰度值或灰度级)代表该位置上地物的辐射值，其大小随地物的成分、纹理、状态、表面特征及探测的电磁辐射波段的不同而变化；不同地物之间的亮度值差异以及同一地物在不同波段上的亮度值差异构成了地物的波谱信息。遥感图像的空间信息包括空间频率信息，边缘、结构或纹理信息及几何信息等，空间信息能够表现地物的几何属性及像元之间的关系。不同时相的遥感图像在光谱信息和空间信息上的差异构成了时间信息，时间信息能够表现地物的动态变化。

1.2 遥感数字图像处理的内容与方法

遥感数字图像处理是指用计算机及相关处理软件对遥感数字图像进行的解译操作。

1.2.1 遥感数字图像处理的内容

从内容上讲，遥感数字图像处理包括 3 部分(韦玉春，2015)：

(1)图像校正

图像校正也称图像恢复、图像复原，主要指对传感器或环境造成的图像退化进行模糊消除、噪声滤除、几何失真校正和非线性校正。在信息提取之前，有必要对遥感图像采取不同方式的校正处理，以使图像信息尽可能真实地反映实际地物的辐射信息、空间信息和物理过程。

（2）图像增强

图像增强指使用多种处理方法抑制、去除噪声，增强图像整体显示或突出图像中特定地物的信息，使图像更容易理解、解译和判读。具体处理方法包括彩色合成、图像拉伸、波段运算、图像平滑、锐化、图像融合等。

图像增强着重于特定的图像特征，在特征提取、图像分析和图像显示中非常重要。增强过程本身不会增加信息，但改变了表达方式，突出了特定的图像特征，使图像更易于可视化解释和理解。图像增强常通过人机交互进行，使用的算法取决于具体应用。

（3）信息提取

遥感数字图像处理的最终目标是进行遥感信息提取。信息提取指根据地物光谱特征和几何特征，确定提取规则，并以此为基础从校正后的遥感图像中提取各种有用信息的过程。主要处理方法包括图像分割、图像分类、变化检测、定量反演等，处理结果往往表现为专题图。

遥感信息提取的内容包括：

①类别信息提取：指利用图像的空间、时间和光谱信息对地物进行识别并归类；

②变化信息提取：指利用不同时间的图像光谱信息探测地物发生的变化；

③地物理化成分信息提取：指利用光谱信息推算地物的生化物理量，如温度、生物量等，主要为遥感定量反演研究的内容；

④地物信息提取：指构建遥感波段的组合或算法，提取特定的地物信息，包括特殊地物及其状态识别。例如，灾害状况、历史遗迹等的识别和管理评估等。

1.2.2 遥感数字图像处理的基本方法

数字图像处理的基本方法可分为空间域处理和变换域处理两大类。

（1）空间域处理方法

空间域处理方法是根据图像像元数据的空间表示 $f(x, y)$ 进行处理。

空间域处理主要包括数值运算、集合运算、逻辑运算和数学形态学操作。数值运算是指遥感图像波段内以及波段间的各个像元灰度值进行的加、减、乘、除等数学运算，包括单波段运算（点运算、邻域运算：具体包括对比度变换、空间滤波、邻域统计）和多波段运算（代数运算、剖面运算）；集合运算是指同一图像以及不同图像间进行的求子集、求并集等集合的基本运算，包括空间操作（图像裁剪、图像镶嵌）和波段操作（波段提取、波段叠加）；逻辑运算又称布尔运算，用"1"和"0"分别表示"真"和"假"，包括求反运算、与运算、或运算、异或运算；数学形态学操作是以形态为基础对图像进行分析的数学工具，包括二值形态学和灰度形态学。

（2）变换域处理方法

变换域处理方法是指先对图像像元数据的空间表示 $f(x, y)$ 进行某种变换，然后再针对变换数据进行处理。常用的图像变换算法主要包括三大类：一是基于特征分析的变换，如主成分分析、最小噪声分离、缨帽变换和独立成分分析；二是频率域变换，如傅里叶变换和小波变换；三是颜色空间变换，RGB 到 IHS 空间的变换及其逆变换。

1.2.3 遥感数字图像处理的对象

遥感数字图像处理在以下 4 个对象层次进行：

(1) 像元

像元是图像处理的基本单位，也是所有图像处理的基础。对比度变换、常规的监督分类、非监督分类等都是逐像元处理的。但是，像元仅仅表达了个体，对于像元的处理容易缺失对全局的把控，这个问题在高空间分辨率图像处理中显得更为突出。

(2) 邻域

邻域是指影响中心像元的周围像元。可以通过邻域处理对图像进行平滑、锐化等滤波操作。

(3) 纹理

纹理是特定图像范围内（或地物类）像元之间关系的度量，利用纹理可以刻画图像的空间关系和结构。

(4) 对象

对象在遥感数字图像处理中指具有同质特征的像元集合，不同于地物类。以对象为处理单元更能够保持待分类对象的完整性。面向对象的图像处理是高空间分辨率图像处理的基本方法。

1.3 遥感数字图像处理软件

世界各国遥感领域的科学家已经开发了多种专门针对遥感数字图像进行处理的平台，常用的商业化遥感图像处理系统有 ENVI（the environment for visualizing images）、Erdas Imagine、PCI Geomatica、ER Mapper、Ecognition 等。从处理技术来说，以上软件覆盖了图像数据的输入/输出、定标、几何校正、正射校正、图像融合、图像镶嵌、图像裁剪、图像增强、图像解译、图像分类、动态监测、地形分析、制图等内容，但是不同的软件又有各自的特点，比如 ENVI 在高光谱分析方面、Erdas 在图形化的建模语言方面、Ecognition 在图像分割方面、ER Mapper 在数据处理效率方面都有其各自的优势。

(1) ENVI

ENVI 是一个完整的遥感图像处理平台，采用交互式数据语言 IDL（interactive data language）开发，是美国 Exelis VIS 公司的旗舰产品，具有强大的遥感图像处理功能。突出的优势包括：

①先进、可靠的影像分析工具：全套影像信息智能化提取工具，全面提升影像的价值。

②专业的光谱分析：高光谱分析始终处于世界领先地位。

③随心所欲扩展新功能：底层的 IDL 语言可以帮助用户轻松地添加、扩展 ENVI 的功能，甚至开发定制自己的专业遥感平台。

④流程化图像处理工具：ENVI 将众多主流图像处理过程集成到流程化（workflow）图像处理工具中，进一步提高了图像处理的效率。

⑤与 ArcGIS 的整合：从 2007 年开始，与 ESRI 公司的全面合作，为遥感和 GIS 的一体化集成提供了解决方案。

（2）Erdas Imagine

美国 Intergraph 公司开发的遥感图像处理系统，包括图像数据的输入/输出，图像增强、纠正、数据融合与各种变换、信息提取、空间分析/建模与专家分类、ArcInfo 矢量数据更新、数字摄影测量与三维信息提取、硬拷贝地图输出、雷达数据处理、三维立体显示分析等面向多种应用领域的产品模块。

Erdas Imagine 的突出特色是专家模型系统和可视化建模工具。

（3）PCI Geomatica

PCI Geomatica 是加拿大 PCI 公司开发的具有图像处理、制图、GIS、雷达数据分析以及资源管理和环境监测等多种功能软件系统，该系统包括数百个模块，是 PCI 公司将其旗下的 4 个主要产品系列，也就是 PCI Easi/Pace、PCI Spans/Pamaps、ACE、Orthoengine，集成到一个具有同一界面、同一使用规则、同一代码库、同一开发环境的一个新产品系列，在每一级深度层次上，尽可能多的满足该层次用户对遥感影像处理、摄影测量、GIS 空间分析、专业制图功能的需要，而且使用户可以方便地在同一个应用界面下，完成他们的工作。

（4）ER Mapper

由澳大利亚 Earth Resource Mapping 公司开发，除了具有传统图像处理功能外，在开发起点和设计思想等方面完全区别于早期的传统图像处理系统：

①独特的软件设计思想和算法（算法是记录针对某个数据进行的所有处理过程的文件）概念贯穿整个图像处理过程，更适用于大型工程的图像处理作业。用户可以按自己设想的处理方案，将若干个处理功能组织成一个处理流程，并可以将这个流程以算法方式存储起来，作为一种功能，供自己或他人引用。

②除非特别指明输出流向，ER Mapper 均直接在窗口上显示处理结果图像而不产生实际的图像文件，结果影像也可以算法的方式存储起来。一个数百兆原始影像的算法通常只占几十 kB 的空间，因此大大节约了存储空间，而且用户可以方便地按照算法中所定义的处理过程显示结果影像。一个原始图像文件可以产生很多个不同处理结果的算法，对某一图像文件所产生的算法也可以修改后用于其他图像文件的处理和显示。用户可以对图像进行多次实验和复杂的处理，而无需顾及存储空间的容量。

③数据高比例压缩算法的应用，最大幅度的节约用户硬件投资。ER Mapper 公司在图像压缩方面有了重大突破，即小波压缩技术（ECW），压缩比可达 10∶1 到 50∶1，在大大地降低图像存储空间的同时仍能保持图像的高质量。

2010 年后，ER Mapper 已被纳入 Erdas 图像处理系统。

（5）Ecognition

Ecognition 是由德国 Definiens Imaging 公司开发的智能化影像分析软件。Ecognition 是目前所有商用遥感软件中第一个基于目标信息的遥感信息提取软件，采用决策专家系统支持的模糊分类算法，突破了传统商业遥感软件单纯基于光谱信息进行影像分类的局限性，提出了革命性的分类技术——面向对象的分类方法，大大提高了高空间分辨率数据的自动识别精度，有效地满足了科研和工程应用的需求。

1.4　开发语言——IDL 简介

交互式数据语言 IDL（interactive data language）在 1977 年由美国 Exelis VIS 公司开发，是一种用于交互式数据分析和数据可视化分析的编程语言，其将数学分析、图形显示技术与功能强大的面向数组的结构化语言整合在一起。该编程语言的最大特点是面向数组，即可以不通过循环而直接对数组进行运算，适合于大量数据的图像处理，是进行二维或多维数据可视化分析和应用开发的理想软件工具。ENVI 就是采用 IDL 开发的。

IDL 具有以下特点：

（1）语法简单

IDL 是第四代计算机语言，与其他常用的语言在语法上有很多相同之处，简单易学。

（2）支持丰富的数据格式

支持通用图像数据格式，如 BMP、JPEG、JPEG2000、GIF、PNG、TIFF/GeoTIFF 等；支持航空航天领域大量使用的 HDF、HDF5、HDF-EOS、CDF 和 NCDF 等科学数据格式；还支持 ASCII、Binary、DXF、Shapefile、VRML、WAV、XML、GRIB 和 DICOM 等格式。

（3）强大的数据分析功能

继承了数学分析和统计软件包，包括工业标准的数学模型算法、内部函数和 IMSL（国际数学/统计）函数库，能够支持复杂的科学计算。

（4）多样的可视化功能

IDL 提供了大量的可视化工具，如绘制二位图形、二维图像、三维表面、三维体、等值线图和投影地图等。

（5）地图工具

IDL 提供了多种投影类型的地图转换功能，同时支持自定义投影，方便处理遥感图像或带坐标的数据。

（6）灵活的外部语言接口

支持动态模块加载（DLM）方式的功能扩展，具备调用 Windows 的控件、Java 代码和 DLL 等功能；利用 IDL 的 ActiveX 技术可以将 IDL 图形图像功能嵌入 VB、VC^{++} 和 .Net 等编写的应用程序中。

思考题

1. 什么是遥感数字图像？其最小单元是什么？
2. 遥感图像处理的主要内容有哪些？
3. 遥感信息提取的内容有哪些？
4. 如何理解遥感数字图像处理的两大类基本方法？
5. 遥感图像校正有哪几种？图像校正的目的是什么？
6. 遥感图像增强的目的是什么？主要有哪些增强方法？

第 2 章

遥感图像

遥感图像是遥感图像处理的对象，遥感图像包括卫星遥感图像、航空遥感图像、无人机遥感数据等，目前应用最广泛的是卫星遥感图像。通过遥感平台上搭载的传感器获取的遥感图像，其特征与平台及传感器的设计关系密切。本章将介绍 Landsat 系列卫星图像、MODIS 数据产品、高分辨率卫星影像，还有我国近年来新发射卫星的遥感影像。

2.1 常用的卫星遥感图像

2.1.1 Landsat 遥感图像

美国国家航空和宇宙航行局（National Aeronautics and Space Administration，NASA）于 1967 年制订了一项地球资源技术卫星计划（Earth Resources Technology Satellite，ERTS），预定发射 6 颗地球资源技术卫星，命名为 ERTS 系列。1972 年 7 月，成功发射了 ERTS-1，1975 年此计划更名为 Landsat 计划，卫星名称也更改为 Landsat（陆地卫星）。陆地卫星计划目前已发射 8 颗卫星（表 2-1），目前在轨运行的有 Landsat-7 和 Landsat-8。

表 2-1 陆地卫星计划系列卫星

卫星名称及编号	发射时间	在轨时间（年）
Landsat-1（原为 ERTS-1）	1972.7	1972—1978
Landsat-2	1975.1	1975—1982
Landsat-3	1978.3	1978—1983
Landsat-4	1982.7	1982—2001
Landsat-5	1984.3	1984—2013
Landsat-6	1993.10 发射失败	—
Landsat-7	1999.4	1999—
Landsat-8	2013.2	2013—

Landsat 系列是降轨运行成像，轨道高度约 700~900km 覆盖周期 16~18 d，过境时间约 9:00~10:00（地方太阳时），扫描带宽度 185km。部分卫星的轨道参数见表 2-2。

9

表 2-2　陆地卫星轨道参数

卫星名称及编号	轨道高度(km)	扫描带宽度(km)	覆盖周期(d)	搭载传感器
Landsat-5	705	185	16	MSS, TM
Landsat-7	705	185	16	ETM +
Landsat-8	705	185	16	OLI, TIRS

Landsat 系列卫星上搭载过多种载荷:反束光导摄影机(RBV)、多光谱扫描仪(MSS)、专题制图仪(TM)、增强型专题制图仪(ETM +)、陆地成像仪(OLI)和热红外传感器(TIRS)等。部分传感器参数及波段效应见表 2-3。

表 2-3　陆地卫星系列传感器参数及波段

传感器名称	卫星名称及编号	探测波段(μm)	空间分辨率(m)
TM	Landsat-4 Landsat-5	0.45 ~ 0.52	30
		0.52 ~ 0.6	30
		0.63 ~ 0.69	30
		0.76 ~ 0.9	30
		1.55 ~ 1.75	30
		10.4 ~ 12.5	120
		2.08 ~ 2.35	30
ETM +	Landsat-7	同 TM 的 7 个波段范围	30(热红外波段为120m)
		0.5 ~ 0.9	15
OLI	Landsat-8	0.433 ~ 0.453	30
		0.45 ~ 0.515	30
		0.525 ~ 0.6	30
		0.63 ~ 0.68	30
		0.845 ~ 0.885	30
		1.560 ~ 1.66	30
		2.1 ~ 2.3	30
		0.5 ~ 0.68	15
		1.36 ~ 1.39	30
TIRS		10.6 ~ 11.2	100
		11.5 ~ 12.5	100

陆地卫星系列时间跨度长,积累了宝贵的长达 40 多年时间序列的、可比性强的综合数据,为全球变化研究提供了数据基础,并且采用免费共享政策,在全球各领域用户中有广泛的影响。

陆地卫星产品采用 WRS(worldwide reference system,全球参考系统),依据卫星地面轨迹重复的特性,结合星下点成像特性而形成固定的地面参考网格,是非常具有代表意义的全球参考系统之一。WRS 网格的二维坐标采用轨道号(Path)和行号(Row)进行标识。

目前 WRS 有两个系统，分别为 WRS-1(1983 年之前)和 WRS-2(1983 年之后)。Land-sat-1～3 使用 WRS-1，Landsat-4、5、7、8 使用 WRS-2。

2.1.2　MODIS 数据产品

为了深入调查和研究全球环境变化、全球气候变化和自然灾害增多等全球性问题，从 1991 年起，美国国家宇航局(NASA)正式启动了把地球作为一个整体环境系统进行综合观测的地球观测系统(EOS)计划。地球观测系统(EOS)计划包括三大部分：

①EOS 科学研究计划；

②EOS 数据信息系统(EOSDIS)；

③EOS 观测(平台、仪器)系统。

欧洲空间局(ESA)、日本、加拿大等多国空间机构也参与了这一计划。

EOS 计划第一颗上午卫星于 1999 年 12 月 18 日发射升空，命名为 TERRA(拉丁语"地球"的意思)，主要目的是观测地球表面。过境时间为当地时间 10:30(以取得最好光照条件并最大限度减少云的影响)和 22:30。下午卫星 AQUA(拉丁语"水"的意思)于 2002 年 5 月 2 日成功发射，过境时间为 13:30 和 1:30。该卫星采用三轴稳定卫星平台，轨道倾角 98.2°，卫星轨道高度 705km(表 2-4)。

表 2-4　EOS 计划卫星参数

参　数	TERRA 卫星	AQUA 卫星
发射时间	1999.12	2002.5
轨道高度(km)	705	705
过境时间	10:30AM(降轨)	13:30PM(降轨)
地面重复周期(d)	16	16
搭载的传感器	MODIS MISR CERES MOPITT ASTER	MODIS AIRS AMSU-A CERES HSB AMSR-E

TERRA 卫星上共搭载了 5 种装置，分别是云与地球辐射能量系统(CERES)、中分辨率成像光谱仪(MODIS)、多角度成像光谱仪(MISR)、先进星载热辐射与反射辐射计(AS-TER)和对流层污染测量仪(MOPITT)；AQUA 卫星搭载了 6 种装置，分别是大气红外探测器(AIRS)、云与地球辐射能量系统(CERES)、中分辨率成像光谱仪(MODIS)、先进微波探测器(AMSU-A)、巴西湿度探测器(HSB)和先进微波扫描辐射计(AMSR-E)。

TERRA 卫星和 AQUA 卫星上都搭载的 MODIS 传感器，其数据产品在科研、生产中有广泛的用途。

MODIS 自 2000 年 4 月开始正式发布数据，NASA 将 MODIS 数据以广播 X 波段形式向全球免费发送，我国目前已建立了多个接收站并分别于 2001 年 3 月前后开始接收数据。MODIS 数据波段范围广，包括 36 个波段，数据空间分辨率 band1、2 为 250m、band3～7

为 500m、band8 ~ 36 为 1 000m。TERRA 和 AQUA 卫星都是太阳同步极轨卫星，两颗卫星上的 MODIS 数据在时间更新频率上相配合，每天最少可以得到两次白天和两次夜晚的数据，每 1 ~ 2d 可重复观测整个地球表面，对实时地球观测、灾害监测有重要的意义。

MODIS 标准数据产品根据内容的不同划分为不同级别：L0 数据是未经任何处理的原始数据集合；L1A 是对 L0 数据解包还原出来的扫描数据及其他相关数据的集合；L1B 数据是对 L1A 数据进行定位和定标处理之后所生成反射率和辐射率的数据集，共 36 个波段；L2 ~ L4 是对 L1B 数据进行各种应用处理之后所生成的特定应用数据产品，包括：陆地标准数据产品、大气标准数据产品和海洋标准数据产品等 3 种主要标准数据产品类型，总计 44 种标准数据产品类型。其中，MOD 4 ~ 8、35 为大气产品，9 ~ 17、33、40、43、44 为陆地产品，18 ~ 32、36 ~ 39、42 为海洋产品。

MODIS 陆地标准产品涵盖内容极为丰富，包括陆地表面反射率相关产品（MOD09/MYD09）、陆地表面温度及发射率相关产品（MOD11/MYD11）、二向反射分布函数和半球反射率相关产品（MCD43）、植被指数相关产品（MOD13/MYD13）、叶面积指数和光合有效辐射相关产品（MOD15/MYD15/MCD15）、净初级生产力相关产品（MOD17/MYD17）、热异常相关产品（MOD14/MYD14）、土地覆盖相关产品（MOD12/MCD12）、植被覆盖转换产品（MOD44）。产品有每日（daily）、8 天合成（8 day）、16 天合成（16 day）、每月（monthly）、季度（quarterly）、每年（yearly）等不同时间分辨率；空间分辨率有 250m、500m、1 000m、5 600m（0.05 度）四种。产品名称中的 MOD、MYD、MCD 分别代表获取数据的平台为 TERRA、AQUA 和两种数据合成（https：//lpdaac. usgs. gov/lpdaac/products/modis_ products _ table）。

MODIS 陆地标准产品数据采用 Tile 方式进行组织。以地球为参照系，采用正弦曲线投影（SIN），将全球陆地按照 10 个经度 × 10 个纬度（1 200km × 1 200km）的方式分割为 600 多个片（Tile）。用水平和垂直编号识别，编号范围为：h00 ~ h35，v00 ~ v17。中国区域编号范围为 h23 ~ h29，v03 ~ v08。

2.1.3　商用小卫星

民用高分辨率（空间分辨率高于 4m）卫星系统时代始于 1999 年。高分辨率数据的商业市场非常广阔，其运营商大多都是商业公司。较早发射的民用高分辨率卫星有美国的 IKONOS、QuickBird、OrbView-3（表 2-5）和以色列的 EROS-A。

IKONOS 是 Spacing Imaging 公司于 1999 年 9 月 24 日发射成功的世界上第一颗提供高分辨率卫星影像的商业遥感卫星，轨道高度 681km，采集数据的波段包括 0.45 ~ 0.90μm 的全色波段、0.45 ~ 0.52μm 蓝波段、0.51 ~ 0.60μm 绿波段、0.63 ~ 0.70μm 红波段和 0.76 ~ 0.85μm 的近红外波段。

QuickBird 于 2001 年 10 月 18 日由美国 Digital Globe 公司发射，是世界上最早提供亚米级分辨率的商业卫星，轨道高度 450km。以 0.61m 的分辨率采集 0.61 ~ 0.72μm 的全色波段数据、以 2.44m 的分辨率采集 0.45 ~ 0.52μm 蓝波段、0.51 ~ 0.60μm 绿波段、0.63 ~ 0.69μm 红波段和 0.76 ~ 0.90μm 的近红外波段 4 个多光谱波段数据。

表 2-5　美国发射的高分辨率卫星

卫星名称	发射时间（年）	全色分辨率（m）	多光谱分辨率（m）
IKONOS	1999	1	4
QuickBird	2001	0.61	2.44
OrbView-3	2003	1	4
WorldView-1	2007	0.45	
GeoEye-1	2008	0.41	1.64
WorldView-2	2009	0.46	1.84
GeoEye-2	2013	0.34	1.4
WorldView-3	2014	0.31	1.24

GeoEye-1 在 684km 高度的轨道上以 0.41m 分辨率采集 0.45~0.80μm 的全色波段数据、以 1.64m 的分辨率采集 0.45~0.51μm 蓝波段、0.52~0.60μm 绿波段、0.655~0.69μm 红波段和 0.78~0.92μm 的近红外波段 4 个多光谱波段数据。

WorldView-3 的轨道高度为 617km。值得注意的是，它不仅采集 0.31m 的全色数据和 1.24m 的可见光—近红外多光谱数据，而且采集 3.7m 的 8 个短波红外波段数据和 30m 分辨率的 12 个 CAVIS 波段数据（表 2-6），附加的波段可以提供更多信息，帮助图像分析。SWIR 波段用于改善霾、雾、灰尘、烟和卷云的穿透性，CAVIS 波段用于校正正、气溶胶、蒸汽、冰和雪的影响。

表 2-6　WorldView-3 光谱波段

全色波段	波段范围（μm）	多光谱波段	波段范围（μm）	短波红外波段	波段范围（μm）	CAVIS波段	波段范围（μm）
0.40~0.80		海岸带	0.40~0.45	SWIR1	1.195~1.225	沙漠云	0.405~0.420
		蓝	0.45~0.51	SWIR2	1.550~1.590	Aerosol-1	0.459~0.509
		绿	0.51~0.58	SWIR3	1.640~1.680	绿	0.525~0.585
		黄	0.585~0.625	SWIR4	1.710~1.750	Aerosol-1	0.620~0.670
		红	0.63~0.69	SWIR5	2.145~2.185	水体1	0.845~0.885
		红边	0.705~0.745	SWIR6	2.185~2.225	水体2	0.897~0.927
		NIR-1	0.770~0.895	SWIR7	2.235~2.285	水体3	0.930~0.965
		NIR-2	0.860~1.040	SWIR8	2.295~2.365	NDVI-SWIR	1.220~1.252
						卷云	1.350~1.410
						雪	1.620~1.680
						Aerosol-3	2.105~2.245
						Aerosol-3	2.105~2.245

注：①两个相同的 Aerosol-3 探测器位于焦平面的不同端，以便提供视差来估计云的高度；
②本表源自《遥感与图像解译》（第 7 版），有改动。

2.2　我国的卫星遥感数据

2.2.1　我国遥感卫星的发展历程

中国的遥感卫星包括返回式国土普查卫星、风云系列气象卫星、海洋系列卫星、资源系列卫星、环境减灾系列卫星、"遥感"系列卫星、高分系列卫星以及高景系列卫星等。

1970 年 4 月 24 日，我国成功发射了第一颗人造地球卫星——"东方红一号"，成为继苏联、美国、法国和日本之后第 5 个发射人造地球卫星的国家。

从 1975 年 11 月 26 日成功发射第一颗返回式卫星开始至 1986 年，我国利用返回式卫星技术，成功发射了两颗国土资源普查卫星，初步解决了国家调查急需卫星遥感信息源的问题，中国是世界上第三个掌握卫星回收技术的国家。

1988 年 9 月 7 日成功发射"风云一号"A 卫星(FY-1A)，1997 年 6 月 19 日，成功发射"风云二号"A 气象卫星(FY-2A)，为我国的气象预报提供了有力的数据保障。

1990 年 4 月 7 日，"长征三号"运载火箭成功发射"亚洲一号"卫星，使我国在国际商业卫星发射服务市场占有了一席之地。

1999 年 10 月 14 日，我国成功发射"中巴地球资源一号"卫星(CBERS-1)，其遥感数据应用于农业、林业、水利、矿产、能源、环保、城市、减灾和测绘等领域，填补了我国传输型地球资源卫星遥感数据的空白。

2002 年 5 月 15 日，"海洋一号"A 卫星在太原卫星发射中心成功发射升空。"海洋一号"A 卫星是我国的第一颗海洋卫星，是我国海洋水色遥感研究领域划时代的里程碑。

2006 年 4 月 27 日，首颗"遥感"卫星由长征四号丙(CZ-4C)运载火箭于从太原卫星发射中心发射升空。"遥感卫星一号"是我国首颗尖兵侦察卫星，配备有合成孔径雷达。

2008 年 9 月 6 日，环境与灾害监测小卫星星座 A、B 星由长征系列火箭 CZ-2C/SMA 在太原卫星发射中心成功发射。这是我国首次发射的专门用于环境与灾害监测预报的卫星。

2013 年 4 月 26 日，首颗高分系列卫星"高分一号"在酒泉卫星发射中心由长征二号丁运载火箭成功发射。

2016 年 12 月 28 日，"高景一号"01、02 卫星在太原卫星发射中心以一箭双星的方式成功发射。这是我国首个自主研制的 0.5m 级高分辨率商业遥感卫星。

2.2.2　高分系列卫星

(1)高分系列卫星计划与概述

"高分专项"是指高分辨率对地观测系统，是国务院发布的《国家中长期科学和技术发展规划纲要(2006—2020 年)》中确定的 16 个重大专项之一，于 2010 年批准启动实施。高分系列卫星覆盖从全色、多光谱到高光谱，从光学到雷达，从太阳同步轨道到地球同步轨道等多种类型，构成一个具有高空间分辨率、高时间分辨率和高光谱分辨率能力的对地观测系统，与高分专项的其他观测手段相结合，将建成具有全天时、全天候和全球范围观测

表 2-7　部分高分系列卫星发射情况

卫星名称	发射时间	传感器	应用目标
GF-1	2013.4	2m 全色/8m 多光谱/16m 宽幅多光谱相机	高空间分辨率与高时间分辨率(4d)的结合
GF-2	2014.8	0.8m 全色/3.2m 多光谱相机	亚米级高分辨率
GF-3	2016.8	1m C-SAR 合成孔径雷达	全天时全天候对地观测
GF-4	2015.12	50m 地球同步凝视相机	地球同步高分辨率对地连续动态观测
GF-5	2018.5	大气环境红外甚高光谱分辨率探测仪和全谱段光谱成像仪	大气与陆地综合探测；高光谱
GF-6	2018.6	2m 全色/8m 多光谱高分辨率相机、16m 多光谱中分辨率宽幅相机	精准农业(与 GF-1 组网运行)

能力的高分辨率对地观测系统(http：//new. qq. com/cmsn/20130609/20130609014298)(表 2-7)。

(2)高分系列卫星简介

高分一号(GF-1)卫星是国家高分辨率对地观测系统中的首发星，其主要目的是突破高空间分辨率、多光谱与高时间分辨率结合的光学遥感技术，多载荷图像拼接融合技术，高精度高稳定度姿态控制技术，5~8 年寿命高可靠低轨卫星技术，高分辨率数据处理与应用等关键技术，推动我国卫星工程水平的提升，提高我国高分辨率数据自给率，于 2013 年 4 月 26 日在我国酒泉卫星发射基地成功发射(http：//www. rscloudmart. com/xuetang/xxg/detail/gf1)。

高分二号(GF-2)卫星是我国自主研制的首颗空间分辨率优于 1m 的民用光学遥感卫星，搭载有两台高分辨率 1m 全色、4m 多光谱相机，具有亚米级空间分辨率、高定位精度和快速姿态机动能力等特点，有效地提升了卫星综合观测效能，达到了国际先进水平。高分二号卫星于 2014 年 8 月 19 日成功发射，8 月 21 日首次开机成像并下传数据。这是我国目前分辨率最高的民用陆地观测卫星，星下点空间分辨率可达 0.8m，标志着我国遥感卫星进入了亚米级"高分时代"(http：//www. rscloudmart. com/xuetang/xxg/detail/gf2)。

高分三号(GF-3)卫星为 1m 分辨率雷达遥感卫星，也是我国首颗分辨率达到 1m 的 C 频段多极化合成孔径雷达(SAR)成像卫星，由中国航天科技集团公司研制。卫星具备 12 种成像模式，涵盖传统的条带成像模式和扫描成像模式，以及面向海洋应用的波成像模式和全球观测成像模式，是世界上成像模式最多的合成孔径雷达卫星。卫星成像幅宽大，与高空间分辨率优势相结合，既能实现大范围普查，也能详查特定区域，可满足不同用户对不同目标成像的需求。此外，高分三号卫星还是我国首颗设计使用寿命 8 年的低轨遥感卫星，能为用户提供长时间稳定的数据支撑服务，大幅提升了卫星系统效益(http：//www. rscloudmart. com/xuetang/xxg/detail/gf3)。

高分四号(GF-4)卫星于 2015 年 12 月 29 日在我国西昌卫星发射中心成功发射，是我国第一颗地球同步轨道遥感卫星，搭载了一台可见光 50m/中波红外 400m 分辨率、大于 400km 幅宽的凝视相机，采用面阵凝视方式成像，具备可见光、多光谱和红外成像能力，设计寿命 8 年，通过指向控制，实现对我国及周边地区的观测。卫星装有 2 个对地高增益信号传输天线，其数据下传码速率为 300M/s，一幅图像只需要 3 ~ 4s 即可完成传输（http：//www. rscloudmart. com/xuetang/xxg/detail/gf4）。

高分四号卫星是我国首颗地球同步轨道高分辨率光学成像卫星，采用面阵凝视方式成像，具备可见光、多光谱和红外成像能力，可见光和多光谱分辨率 50m，红外谱段分辨率 400m，相当于从 $3.6 \times 10^4 km$ 外看见大油轮，它的发射和应用显著提升了我国天基对地遥感观测能力，实现了对中国及周边地区的观测（http：//www. xinhuanet. com/mil/2015 - 12/29/c_ 128576498. htm）。

高分五号（GF-5）卫星是世界上第一颗大气和陆地综合高光谱观测卫星，也是我国光谱分辨率最高、定量化性能最高、探测手段最多的卫星，搭载了可见短波红外高光谱相机、全谱段光谱成像仪、大气主要温室气体监测仪等 6 种先进载荷，可实现紫外至长波红外谱段的高光谱观测（其中，可见短波红外高光谱相机的可见光谱段光谱分辨率为 5nm）。高分五号设计寿命 8 年，运行于太阳同步回归轨道，平均轨道高度 705km。具有高光谱、大范围、定量化探测等特点，面向生态环境监测搭载的多个大气探测载荷具备大幅宽、高光谱及偏振探测能力，使 NO_2 和 SO_2 等污染气体、CO_2 和 CH_4 等温室气体高精度遥感探测成为可能（http：//www. xinhuanet. com/science/ 2018 - 05/09/c_ 137165893. htm）。

高分六号（GF-6）卫星是一颗低轨光学遥感卫星，也是我国首颗实现精准农业观测的高分卫星，具有高分辨率、宽覆盖、高质量成像、高效能成像、国产化率高等特点，设计寿命 8 年，配置 2m 全色/8m 多光谱高分辨率相机、16m 多光谱中分辨率宽幅相机。高分六号实现了 8 谱段 CMOS 探测器的国产化研制，给国内卫星首次增加了能够有效反映作物特有光谱特性的"红边"波段，可实现空间分辨率和时间分辨率的优化组合，满足多种空间分辨率、多种光谱分辨率、多源遥感数据需求。它将与在轨的高分一号卫星组网运行，大幅提高对农业、林业、草原等资源的监测能力（http：//www. xinhuanet. com/2018 - 06/02/c_ 129885369. htm）。

(3) 高分系列数据的接收管理分发及应用规范

根据《高分辨率对地观测系统重大专项地面系统运行管理暂行办法》（国家国防科技工业局高分观测专项办公室印发，2015.10）：中国科学院遥感与数字地球研究所负责接收系统运行的管理、负责统筹接收卫星下传的原始数据，汇集、传输至中国资源卫星应用中心，并提供快视推送服务。其中，中国科学院遥感与数字地球研究所负责密云、喀什、三亚、北极地面接收站高分专项任务；国家卫星海洋应用中心负责牡丹江地面接收站高分专项任务；国家卫星气象中心负责北京静止卫星地面接收站高分专项任务。

高分专项用户分为两类：高分专项内用户和高分专项外用户。

高分专项内用户包括卫星主要用户，承担高分专项应用示范任务的国务院有关部委、地方政府、科研院所、高等学校、企业，高分专项应用技术中心，省级高分辨率对地观测系统数据与应用机构等，可订制、查询与下载初级产品，并及时提供可共享的高级产品（指 3 级及以上产品）和研究成果。其中，卫星主要用户订制的对应卫星的初级产品优先保障。

高分专项外用户主要是指未承担高分专项任务的其他用户，可查询、下载公开类初级产品，经批准可提供定制服务。

《高分辨率对地观测系统重大专项卫星遥感数据管理暂行办法》(国家国防科技工业局高分观测专项办公室印发，2015.10)对高分数据接收、处理、存档、分发和应用的全过程进行了规定。

高分数据分为由卫星地面站接收的原始数据和经过加工处理形成的各级产品。其中，0 级产品为原始数据；1~2 级产品为初级产品；3 级及以上产品为高级产品。

高分数据初级产品可按照公开和涉密进行分类。公开数据是可直接面向公众使用的数据。公开的高分光学数据初级产品空间分辨率不优于(大于等于)0.5m；公开的高分微波数据初级产品空间分辨率不优于(大于等于)1m。

高分数据初级产品分发机构由中国资源卫星应用中心、经授权的各行业数据分发机构、经授权的各省(自治区、直辖市)高分辨率对地观测系统数据与应用机构，以及其他授权的企事业单位等四类机构组成。其中，中国资源卫星应用中心可分发 0~2 级产品；其他机构在各自授权领域内可分发 1~2 级产品。

高分数据 1~2 级产品，用于高分专项应用示范任务的，在任务期间内，实行授权分发；用于公益性用途的，实行免费分发；用于非公益性用途的，实行收费分发。具体价格由高分数据初级产品分发机构参照国内外同类产品价格确定。中国境内高分数据未经批准不得向境外任何组织或个人提供。

用户可通过高分应用综合信息服务共享平台 (http：//gfplatform. cnsa. gov. cn/n6084429/n6084446/index. html)进行高分数据的查询和申请。

思考题

1. Landsat 卫星的载荷有哪些？其波段是如何设置的？
2. MODIS 陆地标准产品有哪些？
3. WRS 在 Landsat 数据的组织中有什么作用？
4. MODIS 产品的 tile 组织形式是怎样的？
5. 常用的商用小卫星有哪些？
6. 高分系列卫星各有何特点？高分系列在科研及实践中有哪些应用？
7. 在高分应用综合信息服务共享平台查询高分卫星影像，了解其价格政策。
8. 结合实习一要求，分别查询和下载 Landsat 影像、MODIS 数据产品。

第3章
遥感数字图像特征及预处理

遥感图像处理的对象是数字图像。不同来源的遥感图像在分辨率、统计特征等方面存在着较大的差异。深入了解遥感数字图像的表示方式和特征，是根据研究的目的、要求、条件选择不同遥感图像的基础。选择好数据之后，在提取信息之前，一般要对图像进行预处理，以修正图像中的各种畸变或使后续的处理更为方便。遥感图像预处理一般包括校正、镶嵌及裁剪。

3.1 遥感数字图像的特征

3.1.1 遥感数字图像及其表示形式

遥感数字图像(remote sensing digital image)是以数字形式存储和表达的遥感图像，其最小单元是像元。一个像元有一个亮度值(digital number, DN)，对应像元内所有地物辐射能量的积分值(或平均值)。

在数字图像中，像元从左到右横向排列的编号称为像元号(列号)，从上到下纵向排列的编号称为行号。各像元的位置由像元号和行号确定。

数字图像可以有多种表示形式，其中最常用的表示形式是函数表示和矩阵表示。

(1)函数表示

可观察的图像本质上都是一张电磁辐射能的平面分布图，即反映了图像亮度大小，也反映了亮度的分布。遥感图像可以用函数表示为：

$$G = f(x, y, \lambda, t) \tag{3-1}$$

式中　G——辐射能量大小，表现为图像上的亮度值，一般用灰度量化级别表示。根据传感器辐射分辨率不同，可量化为 2^n 个级别 ($n = 0, 1, 2, 4, \cdots$)，取值范围是 $[0, 2^n - 1]$；

　　　　x——像元号，$x \in [0, N-1]$ (N 代表图像的总列数)；

　　　　y——行号，$y \in [0, M-1]$ (M 代表图像的总行数)；

　　　　λ——波段号；

　　　　t——成像时间；

$f(x, y, \lambda, t)$——传感器在某个波段(λ)、某一时刻(t)收集到的位于坐标(x, y)处的目标物所辐射(反射或发射)出的电磁波能量。

对于具体已获取的某一波段的图像来说，λ，t 可视为常数，式(3-1)可简写为：

$$G = f(x, y) \qquad (3-2)$$

图像空间包括图像几何子空间和亮度子空间，两者共同构成三维空间(图3-1)。空间中的每一点代表一个像元点，以 $f(x, y)$ 表示，其值表示该位置(x, y)上的亮度值，代表图像的亮度子空间；图像的二维坐标(x, y)，构成几何子空间，图像的视觉显示、矩阵表示都在此空间上进行，以左上角为坐标原点，向右列数(像元数)增加，向下行数增加。

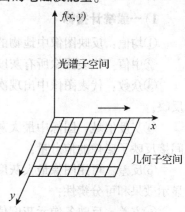

图 3-1　图像空间

(2)矩阵表示

设某遥感图像数据为 N 列，M 行，K 个波段，则该图像其中一个波段的矩阵表示如图3-2。

$f(0, 0)$	$f(0, 1)$	$\cdots$	$f(0, N-1)$
$f(1, 0)$	$f(1, 1)$	$\cdots$	$f(1, N-1)$
$\vdots$	$\vdots$	$\ddots$	$\vdots$
$f(M-1, 0)$	$f(M-1, 1)$	$\cdots$	$f(M-1, N-1)$

图 3-2　图像的矩阵表示形式

图 3-3 为一幅三行三列的数字图像。

0	100	150
90	50	130
255	220	180

图 3-3　矩阵表示的数字图像示例

计算机图像处理的操作是基于数字矩阵进行的，包括显示图像、空间滤波、镶嵌、对比度变换、图像运算等。

(3)向量表示

按行的顺序排列像元，使图像下一行第一个像元值紧接上一行最后一个像元值，表示成 $1 \times MN$ 的列向量 f：

$$f = [f_0, f_1, \cdots, f_i, \cdots, f_{M-1}] \qquad (3-3)$$

式中 $f_i = [f(i, 0), f(i, 1), \cdots, f(i, N-1)]$，$i = 0, 1, \cdots, M-1$。

向量的表示可按行也可按列来构造向量。

3.1.2　遥感数字图像的统计特征

图像的统计分析是图像处理的基础工作，通常包括计算图像的亮度直方图、均值、方差、中值、陡度、峰态、相关系数矩阵和协方差矩阵等。单波段遥感数据的统计称为单元统计，涉及多波段遥感数据的统计称为多元统计。

1）一般统计指标

①均值：反映图像中地物的平均反射强度；

②中值：代表图像所有灰度级中处于中间的值；

③众数：代表图像中出现次数最多的灰度值，是图像中分布最广地物类型反射能量的反映；

④灰度值域：图像中最大灰度值和最小灰度值的差值，表征图像灰度值的变化范围，间接反映了影像的信息量；

⑤反差：可用图像最大灰度值和最小灰度值的差值、比值或标准差表示，反映图像的显示效果和可分辨性；

⑥方差：反映各像元灰度值与影像平均灰度值总的离散程度，是衡量影像信息量大小的重要度量。

其中，均值、中值、众数反映像元的平均信息，反差、方差反映像元的变化信息。

2）图像直方图

图像亮度直方图称图像直方图，是表示图像亮度值与像元数之间关系的统计图，也是各亮度值（或灰度级）像元出现频率的分布图（图 3-4）。图像直方图是以横轴表示亮度值、纵轴表示每一亮度值具有的像元数或该像元数占总像元数的比值做出的统计图。

直方图可以直观地反映图像的亮度值分布范围、峰值的位置、均值以及亮度值分布的离散程度，是图像处理中的一种常用工具。

图像直方图是描述图像质量的可视化图表，直方图曲线的形态可以反映图像的质量差异。如果一幅图像的直方图呈现正态分布，则说明该图反差适中，亮度分布均匀，层次丰富，图像质量高；如果呈现偏态分布，说明图像偏亮或偏暗，层次少，质量较差；如果变化过陡或直方分布过窄，说明亮度值过于集中，反差小。

在图像处理中，可以通过调整图像直方图的形态，改善图像显示的质量，以达到图像增强的目的；也可通过增强前后图像直方图的对比来检验图像增强的效果。

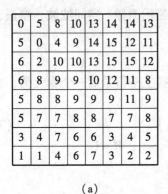

（a）

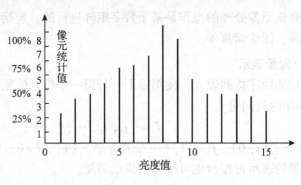

（b）

图 3-4　数字图像及其直方图示例

（引自梅安新等《遥感导论》，2001）

3) 图像对比度

图像对比度，也称为亮度对比度，是指对一个单波段图像中白（最亮）和黑（最暗）之间不同灰度层级的测量，反映一幅图像灰度反差的大小，常用来表述图像灰度值的总体变化情况。对比度高，图像看起来比较清晰；反之，则比较模糊。

图像对比度可用图像方差（像元值与平均值差异的平方和）、变差（最大值与最小值之差）、反差（最大值与最小值之比）来表示，或用对比度公式来计算。

①相对亮度对比度 C_r：

$$C_r = \frac{L_{\max} - L_{\min}}{L_{\max} + L_{\min}} \tag{3-4}$$

②灰阶水平对比度 C_g：

$$C_g = \frac{L_{\max} - L_{\min} + 1}{L_d} \tag{3-5}$$

式中　$L_{\max}$——图像中的最大像元值；

　　　$L_{\min}$——图像中的最小像元值；

　　　L_d——图像的灰度级数。

③对比度 C：

$$C = \sum \delta(i, j)^2 P_\delta(i, j) \tag{3-6}$$

式中　$\delta(i, j)$——相邻像元 i 与 j 的灰度值差；

　　　$P_\delta(i, j)$——该灰度值差出现的概率。

实际计算时，式（3-6）可简化为：

$$C = \frac{\sum \delta(i, j)^2}{N} \tag{3-7}$$

式中　N——总的相邻像元的个数。

4) 多元统计指标

多波段数据之间的统计特征可用协方差、相关系数等表示。

(1) 协方差

设 $f(i, j)$ 和 $g(i, j)$ 是两个波段大小为 $M \times N$ 的影像，它们之间的协方差计算公式为：

$$S_{gf}^2 = S_{fg}^2 = \frac{1}{MN} \sum_{i=0}^{M-1} \sum_{j=0}^{N-1} \left[f(i, j) - \bar{f} \right] \left[g(i, j) - \bar{g} \right] \tag{3-8}$$

将 N 个波段相互间的协方差排列在一起组成协方差矩阵。

$$C = \begin{bmatrix} S_{11}^2 & S_{12}^2 & \cdots & S_{1N}^2 \\ S_{21}^2 & S_{22}^2 & \cdots & S_{2N}^2 \\ \vdots & \vdots & \ddots & \vdots \\ S_{N1}^2 & S_{N2}^2 & \cdots & S_{NN}^2 \end{bmatrix} \tag{3-9}$$

(2) 相关系数

相关系数 r_{fg} 描述波段影像间的相关程度，反映两个波段影像所包含信息的重叠程度。

21

计算公式为：

$$r_{fg} = \frac{S_{fg}^2}{S_{ff} S_{gg}} \tag{3-10}$$

将 N 个波段相互间的相关系数排列在一起组成相关系数矩阵。

$$R = \begin{bmatrix} 1 & r_{12} & \cdots & r_{1N} \\ r_{21} & 1 & \cdots & r_{2N} \\ \vdots & \vdots & \ddots & \vdots \\ r_{N1} & r_{N2} & \cdots & 1 \end{bmatrix} \tag{3-11}$$

3.1.3　遥感图像的分辨率

传感器有不同的设计和性能，遥感平台也有不同的轨道参数和运行参数，因此，获取的遥感图像也存在不同的特征。

传感器的分辨率指标是选择遥感图像数据的重要依据，是衡量遥感图像质量的重要指标。遥感图像的分辨率包括空间分辨率、光谱分辨率、辐射分辨率和时间分辨率 4 种。空间分辨率对应于目标地物的几何特征，描述地物的大小、形状及空间分布特点；光谱分辨率和辐射分辨率对应于地物的物理特征，描述地物与辐射能量有关的特征；时间分辨率对应于地物的时间特征，描述地物的动态变化特征。空间分辨率和辐射分辨率直接影响图像的质量，属于质量特征；光谱分辨率和时间分辨率直接影响图像的信息含量，属于信息量特征。

1）空间分辨率（spatial resolution）

空间分辨率指图像上能够详细区分的最小单元的尺寸或大小，也可以指可以识别的最小地面距离或最小目标物的大小。

空间分辨率一般有 3 种表示方法：

(1)像元（pixel）

用单个像元对应地面面积的大小来表示空间分辨率，单位为 m 或 km。如 Landsat-7 的 ETM + 多波段影像的空间分辨率为 30m，即指一个像元对应的地面范围是 30m × 30m。像元越小，空间分辨率越高。

(2)瞬间视场（instantaneous field of view，IFOV）

像元的尺寸取决于传感器单个探测元件的观测视野——瞬间视场和平台高度。IFOV越小，像元对应的地面面积越小，空间分辨率越高。因此，又可以用 IFOV 的大小来表示空间分辨率的高低。IFOV 的单位是弧度（rad）。

(3)线对数（line pairs）

对摄影系统而言，通常采用影像中 1mm 内能够分辨出的线对数来表示空间分辨率的大小，单位为：线对/mm。系统能分辨出的线对数越多，空间分辨率越高。所谓线对，是指一对同等大小的明暗条纹或规则间隔的明暗条对。

一般而言，遥感系统的空间分辨率越高，其识别物体的能力越强。实际应用中，具体目标物的可分辨性不完全决定于空间分辨率的数值，还与目标物的形状、大小以及它与周围背景的对比度、结构等有关。例如，线状地物宽度小于单个像元尺寸时仍有可能被识别，说明空间分辨率的大小仅表明影像细节的可见程度，真正的识别效果，还要考虑环境背景复杂性等因素的影响。

选择遥感数据时，空间分辨率是要考虑的重要指标。根据不同的应用目的，不同的目标物应选择合适的空间分辨率数据。例如，森林清查要求影像数据 400m 的空间分辨率，森林病害检测要求影像数据 50m 的空间分辨率。

2) 光谱分辨率(spectral resolution)

对同一地物，在同一瞬间，获取的多个波段影像称为多光谱遥感。多光谱遥感的优势在于能够充分利用地物在不同光谱区存在不同的辐射特征来增加信息量，从而提高影像数据的判读和识别能力。

光谱分辨率指传感器所选用波段数量的多少(即选择的通道数)、各波段的波长位置及波段间隔的大小(每个通道的中心波长，即传感器最大光谱响应所对应的波长)、带宽(用最大光谱响应的半宽度来表示)这 3 个因素共同确定光谱分辨率。狭义的光谱分辨率是指传感器在接受目标辐射的波谱时能分辨的最小波长间隔。间隔越小，分辨率越高。

光谱分辨率的高低常用波长间隔/带宽表示，单位为 μm 或 nm，带宽越小，光谱分辨率越高；或用波段数量来表示，波段数越多，光谱分辨率越高。

一般来说，传感器的波段数越多，波段宽度越窄，地物越容易区分和识别(图 3-5)。

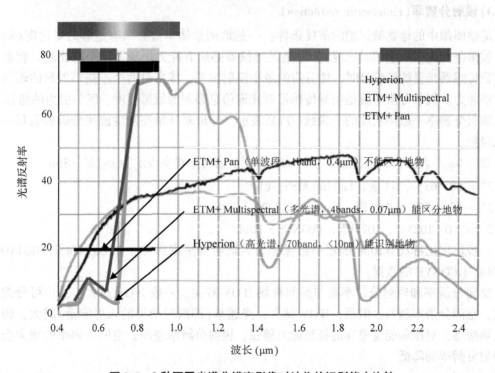

图 3-5　3 种不同光谱分辨率影像对地物的识别能力比较

图 3-5 列举了 3 种不同光谱分辨率的影像：单波段(ETM + Pan)、多光谱(ETM + Multispectral)和高光谱(Hyperion)，对比了它们在可见光至近红外波段的光谱分辨率。ETM +

Pan 在 0.5~0.9μm 用了 1 个波段探测，带宽 0.4μm；ETM + Multispectral 在 0.45~0.9μm 用了 4 个波段探测，带宽 0.07μm；Hyperion 在 0.4~1.0μm 用了 70 个波段，带宽 <10nm。它们在可见光至近红外波段识别地物的能力有明显不同。

光谱分辨率高于 10 nm 的遥感图像称为高光谱遥感(hyper spectral)。高光谱遥感所得影像的每一个像元都可提取其本身具有的连续光谱数据，实现遥感影像和光谱合并，因此，又称为成像光谱遥感(imaging spectrometry)，其主要特征是超多波段和大数据量。高光谱遥感图像包含了丰富的空间、辐射和光谱三重信息，为目标物识别提供直接的信息源，对于精细农业(如作物精细分类、作物生化组分提取等)和矿物识别(种类、成分、含量等)有重要意义。

需要说明的是，波段并非越多越好。波段分得越细，各波段数据间的相关性可能越大，数据的冗余度增大，未必能达到预期的识别效果。同时，波段数越多，数据量越大，数据的传输、处理难度越大。因此，在传感器波段设计和遥感应用选择数据时都要综合考虑多方面因素，尤其是具有诊断意义的地物光谱特征应选定合适的光谱分辨率。

光谱分辨率和空间分辨率相互制约。高空间分辨率传感器 IFOV 较小，必须加宽光谱带宽(降低光谱分辨率)才能获得可接受的信噪比。所以，往往同一平台上搭载的多波段传感器的空间分辨率要比全色波段传感器的空间分辨率低，如 ETM + pan 空间分辨率为15m，ETM + Multispectral 的空间分辨率为30m；高空间分辨率的图像往往波段数比较少。

3) 辐射分辨率(radiometric resolution)

遥感图像中的地物被识别的前提条件：一是地面景物本身必须有足够的对比度(指在一定波谱范围内亮度上的对比度)；二是遥感仪器必须有能力记录下这个对比度。辐射分辨率指传感器接受波谱信号时，能分辨的最小辐射度差，或指对两个不同辐射源的辐射量的分辨能力。辐射分辨率就是衡量传感器对光谱信息强弱的敏感程度、区分能力的指标。

辐射分辨率一般用灰度的分级数(D)来表示，即最暗到最亮灰度值间分级的数目——量化级数。

常用 $\log_2 D$ 表示，单位 bit。如：$D = 256 = 2^8$，辐射分辨率表示为 $\log_2 2^8 = 8$bit

$2^6 = (0~63)$，64 级，Landsat MSS，6bit

$2^8 = (0~255)$，256 级，Landsat-7 ETM +，8bit

$2^{10} = (0~1023)$，1024 级，IKONOS，10bit

一般量化比特数 ≥10bit 的遥感影像称为高辐射分辨率影像，如 Quickbird、IKONOS、MODIS、GEOEYE 的数据。

空间分辨率和辐射分辨率都与瞬间视场 IFOV 有关。一般 IFOV 越大，最小可分像元越大，空间分辨率越低；但是，IFOV 越大，光通量(即瞬时获得的入射能量)越大，辐射测量越敏感，对微弱能量差异的检测能力越强，辐射分辨率越高。空间分辨率的增大会造成辐射分辨率的降低。

4) 时间分辨率(temporal resolution)

时间分辨率指传感器对同一地点进行采样的时间间隔，即采样的时间频率，也称重访周期。时间分辨率主要取决于平台的回归周期及传感器的设计。

　　遥感图像的时间分辨率可分为 3 种：短(超短)周期，可以观测 1 d 之内的变化，以小时为单位；中周期，可以观测一年之内的变化，以天为单位；长周期，一般以年为单位。

　　时间分辨率对动态监测很重要。不同遥感监测对象需要采用不同的时间分辨率影像。气象预报、灾情监测所需资料以小时为单位，作物长势监测、估产一般以旬、天为单位，城市变迁一般以年为单位。几种遥感卫星的空间分辨率如下。

　　Landsat，16d；SPOT，5d；CBERS-2，26d；"资源三号"，3~5d；GeoEye-1，1~3d；IKONOS，1~3d；WorlDView-1，1.7d；QuickBird，1~6d；"高分四号"，实时监测。

　　单星平台的传感器不仅可通过传感器设计等途径提高时间分辨率，还可以采用大、中、小卫星相互协同，高、中、低轨道相结合，使获得影像的时间分辨率可实现从几小时到数天不等，形成一个不同时间分辨率互补的系列。

3.1.4　遥感图像的信息容量与数据量

　　遥感图像的信息容量和数据量是两个相互联系的概念。遥感数据的数据量取决于遥感图像的最大信息容量。

(1) 信息容量

　　量化的遥感数据中，每一个波段的每一个像元的信息量用比特(bit)表示。1bit 可以容纳"0"或"1"两个状态的信息量。如果设数据的量化级数为 D，则每个像元所能包含的最大信息容量为 $\log_2 D$ bit。

　　一幅单波段图像内有 n 个像元，则一个单波段图像所包含的最大信息量为：

$$I_m = n \times \log_2 D \tag{3-12}$$

　　一个遥感系统可以有 k 个波段，它所能容纳的最大信息量为：

$$I_s = k \times I_m = k \times n \times \log_2 D = k \times \frac{C}{G^2} \times \log_2 D \tag{3-13}$$

式中　C——一景图像所对应的地面面积；

　　　G——地面分辨率(即空间分辨率)；

　　　n——像元数；

　　　k——波段数(可理解为光谱分辨率)；

　　　D——量化级数(辐射分辨率)。

　　可见，一景遥感图像的最大信息容量(I_s)取决于其空间分辨率、光谱分辨率和辐射分辨率。

(2) 数据量

　　计算机处理中常使用字节 B(byte)为单位(1B = 8bit)，所以，通常用字节为单位处理图像数据。一景遥感图像数据的全部数据量(B)可表示为：

　　　　全部数据量 = 行数 × 列数 × 波段数 × 每个像元的字节数 × 辅助参数　(3-14)

　　辅助参数一般为 1；一些遥感图像处理系统(如 ERDAS)在图像文件中加入了图像金字塔索引等信息，辅助参数一般为 1.4。

　　像元值的字节数与存储有关，8bit = 1B，以 8 位量化产生的图像为例，每个像元值变化于 0~255 之间，占用 1B；16 位量化的图像，一个像元占用 2B。

3.1.5 遥感图像的选择

实际应用中，从众多的遥感图像中选择合适的数据源要从数据供应和需求两个方面考虑。首先，要熟悉可用的遥感数据有哪些？都有些什么特点？各种分辨率指标如何？然后，根据研究目标和对象的特征(几何特征、物理特征、时间特征等)、已有的研究条件等去匹配，选择合适的遥感图像作为研究的数据。

(1)数据供应

熟悉全球遥感数据的特点、质量、获取途径、价格政策和可获得性等情况。

(2)数据需求

①研究对象的特征：几何特征(尺寸、形状、空间关系)、物理特征(反射和发射波谱曲线、温度、粗糙度、介电常数等)、时间特征(动态变化、节律)。

②条件：项目经费、数据处理能力(数据量、硬件、软件、操作人员)。

3.1.6 多波段遥感数字图像的存储方式

多波段遥感数字图像具有研究目标和对象的空间位置、亮度信息和波段信息，根据其在二维空间像元配置中存储各波段的信息方式的不同，可分为三种通用格式：BSQ(按波段顺序)、BIP(按像元交叉)和BIL(按行交叉)。

(1)BSQ(band sequential)

各波段的二维图像数据按波段顺序排列。可表示为：

$$\left\{ [(\text{像元号顺序}), \text{行号顺序}], \text{波段顺序} \right\}$$

图像数据存储时先把图像的第一波段数据逐像元、逐行存储，然后对第二波段数据逐像元、逐行存储，直到所有波段的数据都存储下来。BSQ是最简单的存储方式，提供了最佳的空间处理能力，适合读取单个波段的数据。

(2)BIP(band interleaved by pixel)

在一行中，每个像元按光谱波段次序进行排列，然后再对该行的全部像元进行这种波段次序排列，最后对各行进行重复。

$$\left\{ [(\text{波段顺序}), \text{像元号顺序}], \text{行号顺序} \right\}$$

图像数据存储时首先把图像中第一波段第一行第一个像元数据存储，接着将第二波段第一行第一个像元数据，直到将所有波段第一行第一个像元数据都存储下来；然后存储第一波段第一行第二个像元数据，直至所有像元。BIP具有最佳的波谱处理能力，适合读取光谱剖面数据。

(3)BIL(band interleaved by line)

对每一行中代表一个波段的光谱值进行排列，然后按照波段顺序排列该行，最后对各行进行重复。

$$\left\{ [(\text{像元号顺序}), \text{波段顺序}], \text{行号顺序} \right\}$$

图像数据存储时先把图像的第一波段第一行数据逐像元存储，接着对第二波段第一行数据逐像元存储，直到所有波段第一行数据逐像元都存储下来；然后存储第一波段第二行数据逐像元存储、第二波段第二行数据逐像元存储，直到所有波段第二行数据逐像元都存储下来；如此，直至所有波段所有行列。BIL 是介于空间处理和光谱处理之间的一种折中的数据存储格式。

3.2　遥感图像预处理

遥感图像预处理是指在进行实际的图像分析和处理之前，对遥感原始图像进行的处理，包括图像的校正处理，还包括图像的镶嵌和裁剪处理等。遥感图像预处理的主要目的是校正原始图像中的几何与辐射变形，得到尽可能真实的几何和辐射图像，并为后续处理提供方便，提高处理效率。

由于遥感系统空间、波谱、时间以及辐射分辨率的限制，很难精确记录复杂的地表信息，因而误差不可避免地存在于数据获取的过程中，降低了遥感数据的质量，影响图像分析的精度。图像校正的目的是消除数据获取过程中的误差及变形，使传感器记录的数据值更接近于真实值。图像校正包括对图像像元位置的校正(几何校正)和图像像元值的校正(辐射校正)两部分。

遥感图像在成像过程中，受地球自转、遥感系统、大气折射等因素的影响会不可避免地产生一些定位误差。空间位置的变形误差称为几何误差，需要进行几何校正和精校正。

利用传感器观测目标的反射或辐射能量时，由于测量值中包含了传感器、太阳位置和角度、大气条件薄雾等，传感器性能不完备等也可引起像元值的失真，导致传感器得到的测量值与目标的光谱反射率或光谱辐亮度等物理量并不一致。为了正确评价目标的发射或辐射特性，必须消除像元值的失真，需要进行辐射校正。

3.2.1　辐射校正

3.2.1.1　辐射校正的定义与内容

(1)辐射校正的定义

利用遥感器观测目标物辐射或反射的电磁能量时，由于遥感器本身的光电系统特征、太阳高度、地形以及大气条件等都会引起光谱亮度的失真，从而使遥感器得到的测量值与目标物的光谱反射率或光谱辐射亮度等物理量不一致，即遥感图像存在辐射畸变(radiometric distortion)。消除图像数据中辐射畸变的过程称为辐射校正(radiometric correction)。辐射校正的选用要根据实际情况来确定，如果图像有薄雾，辐射质量不高，而且要进行遥感定量反演，就必须首先要进行辐射校正。

(2)辐射校正的内容

完整的辐射校正包括遥感器校准、大气校正以及太阳高度和地形校正。其中，传感器光学系统特征校正、光电变换系统灵敏度特征的偏差校正等属于系统的辐射校正，由传感器发射单位进行相对辐射定标。用户进行的辐射校正主要包括绝对辐射定标(又称大气顶面辐射校正、大气上界辐射校正或传感器端辐射校正)、大气校正和地表辐射校正。

完整的辐射校正过程为：传感器获取的数字量化值(digital number，DN)经过系统辐射校正(相对辐射校正)得到传感器端的 DN 值，再经过绝对辐射定标得到大气上界辐射值(辐亮度或反射率)，然后经过大气校正，消除大气散射、吸收对辐射的影响得到地表辐射值，最后经过地表辐射校正(太阳辐射校正和地形校正)得到更精确的地表辐射值。

3.2.1.2　辐射定标

1) 辐射定标的定义与内容

传感器在成像时将入瞳处接收到的辐射能量转化成数字量化值(DN)，DN 是最初始的遥感图像像元值，是一个没有物理量纲的数值。某一波段不同像元的 DN 值差异仅反映了该波段在入瞳处辐射亮度的相对大小，没有物理意义，不能用于图像之间的比较。

进行辐射校正时，首先将传感器记录的 DN 值转化为入瞳处的辐射亮度值或反射率，这个过程称为辐射定标。辐射定标是针对传感器的辐射校正。辐射定标得到的是大气顶层的辐射亮度值或反射率，也称表观辐射亮度值或表观反射率。辐射定标分为相对辐射定标和绝对辐射定标。

(1) 相对辐射定标

相对辐射定标是为了校正探测元件的不均匀性，消除探测元件响应的不一致性，对原始亮度值进行的归一化处理，从而使入射辐射量一致的像元对应的输出像元值也保持一致，以消除传感器本身的误差。但相对辐射定标得到的结果仍是不具备物理意义的 DN 值。

(2) 绝对辐射定标

绝对辐射定标是建立 DN 值与实际辐射值之间的数学关系，将 DN 值转化为大气层顶的辐射值。绝对辐射定标可以在相对辐射定标的基础上进行，也可包含相对辐射定标过程。

绝对辐射定标公式如下：

①大气层顶辐射亮度的计算公式：

$$L_\lambda = k_\lambda \times DN + c_\lambda \tag{3-15}$$

式中　L_λ——λ 波段的辐射亮度值，$\text{W}/(\text{m}^2 \cdot \text{sr} \cdot \mu\text{m})$；

　　　k_λ——λ 波段的增益(gain)，$\text{W}/(\text{m}^2 \cdot \text{sr} \cdot \mu\text{m})$；

　　　c_λ——λ 波段的偏移(offset)，$\text{W}/(\text{m}^2 \cdot \text{sr} \cdot \mu\text{m})$。

②大气表观反射率的计算公式：

$$\rho_\lambda = \pi \times L_\lambda \times \frac{d^2}{ESUN_\lambda \times \cos\sigma} \tag{3-16}$$

式中　ρ_λ——λ 波段的反射率，又称为空间反射率(space reflectance)、行星反射率(planetary reflectance)或大气顶面反射率(TOA)，无量纲；

　　　L_λ——λ 波段的辐射亮度值，$\text{W}/(\text{m}^2 \cdot \text{sr} \cdot \mu\text{m})$；

　　　d——天文单位的日地距离，无量纲；

$ESUN_\lambda$——λ 波段的太阳表观光谱辐照度，$W/(m^2 \cdot \mu m)$；

σ——太阳天顶角，与太阳高度角 θ 互余，单位为°。

2）定标参数的获取

定标参数可以通过实验室、星上或地面渠道获取。实验室定标一般在发射前进行，但传感器在发射和运行期间，性能衰变会导致实验室定标参数出现偏差；星上定标在卫星正常运行期间，利用卫星自带的定标设备进行；场地（地面）定标值传感器处于正常运行条件下，选择辐射定标场地，通过地面同步测量队传感器定标。场地定标考虑了大气传输和环境的影响，定标精度较高，但操作比较困难。中国有敦煌和青海湖两个绝对定标场。

通常情况下，遥感数据产品的元数据中会提供定标参数。历史最长、应用广泛的 Landsat 数据的定标参数（韦玉春等，2015）：k_λ 和 c_λ 可以从遥感数据头文件中读取（表3-1，引自韦玉春《遥感数字图像处理数据》第 2 版）；日地距离参数见（表3-2，引自韦玉春《遥感数字图像处理数据》第 2 版）；太阳光谱辐照度值可由 USGS 给出的表中查出（表3-3，引自韦玉春《遥感数字图像处理数据》第 2 版）适用于 TM 数据；太阳高度角从图像数据的头文件中读取或根据卫星的过境时间、季节和地理位置来计算式（3-17）。

表 3-1　Landsat-5 的增益和偏移取值　　　　　　　$W/(m^2 \cdot sr \cdot \mu m)$

波　段	1984 年 3 月 1 日—2003 年 5 月 4 日		2003 年 5 月 4 日后	
	增益	偏移	增益	偏移
1	0.602 4	−1.52	0.762 8	−1.52
2	1.175 1	−2.84	1.442 5	−2.84
3	0.805 8	−1.17	1.039 9	−1.17
4	0.814 5	−1.51	0.872 6	−1.51
5	0.108 1	−0.37	0.119 9	−0.37
6	0.055 1	1.237 8	0.055 1	1.237 8
7	0.057 0	−0.15	0.065 3	−0.15

表 3-2　日地距离参数查找表

日　数	距　离	日　数	距　离	日　数	距　离
1	0.983 2	135	1.010 9	274	1.001 1
15	0.983 6	152	1.014	288	0.997 2
32	0.985 3	166	1.015 8	305	0.992 5
46	0.987 8	182	1.016 7	319	0.989 2
60	0.990 9	196	1.016 5	335	0.986
74	0.994 5	213	1.014 9	349	0.984 3
91	0.999 3	227	1.012 8	365	0.983 3
106	1.003 3	242	1.009 2		
121	1.007 6	258	1.005 7		

注：日数为儒略日。

表 3-3　太阳光谱辐照度　　　　　　　$W/(m^2 \cdot \mu m)$

波　段	Neckel 和 Labs	CHKUR	波　段	Neckel 和 Labs	CHKUR
1	1 957	1 957	4	1 047	1 036
2	1 829	1 826	5	219.3	215.0
3	1 557	1 554	7	74.52	80.67

$$\sin\theta = \sin\varphi \cdot \sin\delta \ \square\cos\varphi \cdot \cos\delta \cdot \cos\tau \tag{3-17}$$

式中　φ——图像地区的地理纬度；

　　δ——太阳赤纬，即成像时太阳直射点的地理纬度；

　　τ——时角，即地区经度与成像时太阳直射点地区经度的经差。

3.2.1.3 大气校正

大气校正是将大气顶层反射率转换为地表反射率，消除大气对遥感信号影响，是辐射校正的主要内容之一，是获得地表真实信息重要的一步，也定量遥感必不可少处理环节。但在有些图像分类、专题提取、变化检测等遥感应用研究中，大气校正也并非必要。

大气校正是相当复杂的，往往不能或不一定需要进行绝对辐射校正，可以做粗略的大气校正，满足多时相图像数据间的可比性和部分应用的需求，但不能满足定量遥感（参数反演等）的要求。

国内外已提出了许多大气校正模型与方法，例如：基于图像特征模型（暗目标法（dark-object subtraction method，DOS）、直方图调整、图像波段间的数学变换）、地面线性回归经验模型（地面同步法，即获取遥感影像上特定地物的灰度值及其成像时相应地面目标反射光谱的测量值，然后建立两者之间的线性回归方程）、大气辐射传输理论模型（需要对一系列大气环境参数进行测量，校正模式的准确性决定于输入的大气参数的准确性；目前，参数获取途径有：通过大气垂直探测器采集、通过地面气象台站、空中气球的仪器观测、用不同的标准大气模型、气溶胶模型，借助大气辐射传输方程来推算大气参数等。应用广泛的大气辐射传输模型有：MODTRAN 模型和 6S 模型（second simulation of the satellite signal in the solar spectrum）等，该类模型可通过相应软件输入参数后获得。

3.2.1.4 地面辐射校正

地面辐射校正包括太阳辐射校正和地形辐射校正。

(1) 太阳辐射校正

任何地表获得的能量都随太阳高度变化，而不同地点、不同时间和季节太阳高度不同。太阳辐射校正主要校正由太阳高度角导致的辐射误差，即将太阳光线倾斜照射时获取的图像校正为太阳光线垂直照射时获取的图像。

$$f(x, y) = g(x, y)/\sin\theta \tag{3-18}$$

$g(x, y)$ 和 $f(x, y)$ 分别对应太阳斜射时（太阳高度角为 θ）和直射时的图像；太阳高度角 θ 可在图像元数据中找到，也可根据成像时间、季节和地理位置来确定。$\sin\theta$ 的计算公式见式(3-17)。

(2) 地形辐射校正

地形辐射校正主要校正由地形因素（如坡度和坡向）导致的图像辐亮度变化。

地形辐射校正可采用太阳光照模型。根据太阳光照原理，利用数字高程模型提取地表面元的坡度、坡向，并结合卫星成像时的太阳方位角、太阳天顶角，计算卫星成像时太阳光在地表各面元上的入射情况。太阳光在地表各面元上的入射情况用太阳有效入射角 i 的余弦值表示。

①太阳有效入射角的余弦值：

$$\cos i = \cos\sigma \times \cos(sl) + \sin\sigma \times \sin(sl) \times \cos(f - \alpha) \tag{3-19}$$

式中　i——入射角；

　　　σ——太阳天顶角；

　　　sl——坡度；

　　　f——太阳方位角；

　　　α——坡向角。

②太阳光照模型又可分为：

经验统计法：

$$L_H = L_T - m\cos i - b + L_T \tag{3-20}$$

Minnaert 校正：

$$L_H = L_T \left(\frac{\cos\sigma}{\cos i}\right)^k \tag{3-21}$$

C 校正：

$$L_H = L_T \left[\frac{\cos\sigma + c}{\cos i + c}\right] \tag{3-22}$$

式中　L_H——校正后的图像；

　　　m——拟合直线的斜率；

　　　b——拟合直线的截距；

　　　c——修正系数；

　　　L_T——校正前图像的灰度平均值；

　　　k——Minnaert 常数，取值范围 $[0,1]$，对于朗伯体表面，$k = 1$。

3.2.2　几何校正(geometric correction)

1)几何校正的定义

几何校正是针对图像中的几何畸变进行的校正处理。

(1)几何畸变及其成因

几何畸变是指图像中的点发生了位移(几何位置发生了变化)，具体表现为图像行列不均匀、像元大小与地面大小对应不准确、地物形状改变等。

几何畸变产生的原因：

①传感器系统畸变的影响。

②平台位置和运动状态变化的影响，如飞行姿态不稳定(航高、航速、俯仰、翻滚、偏航)。

③地形起伏的影响(中心投影)。

④地表曲率的影响(像点位移、像元对应的地面宽度不等)。

⑤大气折射的影响(辐射曲线传输)。

⑥地球自转的影响。

(2)与几何校正相关的名词

①图像配准(registration):两幅图像之间的校准,以使同名像元配准。

②图像校正(rectification):借助于地面控制点,对一幅图像进行地理坐标的校正,又称为地理参照(geo-referencing)。

③地理编码(geo-coding):把图像校正到一种统一标准的坐标系,以使地理信息系统中来自不同传感器的图像和地图能方便地进行不同层之间的操作运算和分析。

④正射校正(ortho-rectification):借助于地形高程模型(DEM)对图像中每个像元进行地形变形的校正,使图像符合正射投影的要求。

⑤图像匹配(image match):利用特征点寻找两幅图像中的相同地物点或计算两个图像相似性的过程。

2)几何校正的层次

(1)系统几何校正

系统几何校正是校正由传感器、平台位置、姿态等带来的几何畸变,由数据生产部门进行;系统校正之后的图像仍有较大残余误差。

(2)几何精校正

几何精校正是指通过选取地面控制点(ground control point,GCP),借助数学模型,对图像作更为精确的校正;由用户进行,必须在提取信息之前进行。

3)几何精校正

(1)几何精校正的基本原理

由于几何畸变形成的原因复杂,故避开成像的空间几何过程,把遥感图像的总体畸变看作挤压、扭曲、缩放、偏移等基本变形综合作用的结果,直接用某种数学模型来模拟校正前后图像相应点坐标之间的对应关系,然后利用这种对应关系,把畸变图像空间中的每一像元(x,y)变换到标准空间(X,Y)中,从而实现图像的几何校正。

设原始图像$g(x,y)$,校正后输出图像$G(X,Y)$

$$x = f_x(X,Y) \tag{3-23}$$
$$y = f_y(X,Y) \tag{3-24}$$

通用的数学模型是多项式法,即

$$x = \sum_{i=0}^{n} \sum_{j=0}^{n-i} a_{ij} X^i Y^j \tag{3-25}$$

$$y = \sum_{i=0}^{n} \sum_{j=0}^{n-i} b_{ij} X^i Y^j \tag{3-26}$$

$n=1$,一次多项式:

$$x = a_{00} + a_{01} Y + a_{10} X \tag{3-27}$$
$$y = b_{00} + b_{01} Y + b_{10} X \tag{3-28}$$

$n=2$,二次多项式:

$$x = a_{00} + a_{01} Y + a_{02} Y^2 + a_{10} X + a_{20} X^2 + a_{11} XY \tag{3-29}$$
$$y = b_{00} + b_{01} Y + b_{02} Y^2 + b_{10} X + b_{20} X^2 + b_{11} XY \tag{3-30}$$

系数求解方法，选取若干地面控制点 $GCP(x, y)$ 和 (X, Y)，代入上式，求解系数。

（2）几何精校正的步骤

利用多项式法进行几何精校正的简要步骤如下：

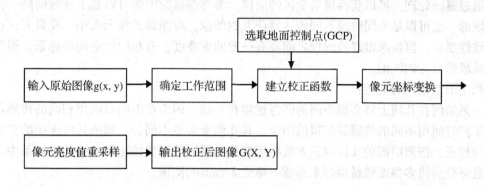

其中，像元坐标变换和像元亮度值重采样是多项式法几何精校正的两大基本环节。

地面控制点 GCP 是指已知其图像坐标 $[g(x, y)]$ 和真实坐标 $[G(X, Y)]$ 的点，控制点的坐标是确定校正函数系数必要的参数，GCP 选取是否准确、合理，直接影响到几何精校正的质量。

输入原始图像后，选取一定数量的地面控制点 GCP，利用 GCP 的图像坐标和对应的真实坐标值建立校正函数，确定原始图像坐标和真实坐标之间的数学关系，然后用此校正函数对所有的像元进行坐标变换；正确的位置对应关系确定好了之后，再利用重采样的一些方法把对应位置上的像元亮度值映射到新的图像中去。

（3）几何精校正的注意事项

①地面控制点（GCP）的选取：

a. GCP 的选取要求：在图像和地面都容易分辨且比较精细的特征点（如房屋拐角点、道路交叉口等）。

b. 数量：至少 $(n+1)(n+2)/2$ 个（n 为多项式次数）；为了提高精度，实际操作中通常远超这个数量，有时为 6 倍；一般要求 20~30 个。

c. 分布：尽量在整幅图像中均匀分布。

②像元亮度值重采样（重抽样，resample）：由 (X, Y) 求得的 (x, y) 可能不是整数点，就是说在几个像元中间，此时，$G(X, Y)$ 亮度值要由原图像中相关的像元值来确定，称为像元亮度值重采样。采样方法有最近邻法、双线性内插法和三次卷积内插法。

③几何校正的结果评价：几何校正的结果一般可用定性和定量的方法进行评价。

a. 定性评价是指将校正后的图像与参考图像对比，察看其吻合程度。

b. 定量评价的指标是均方根误差（root mean squared error，$RMSE$），衡量期望输出坐标点和实际输出坐标点的距离，包括单点的 $RMSE$ 和总的 $RMSE$。中等分辨率图像校正后的精度要求一般为：$RMSE \leqslant 1$ pixel（像元）；高分辨率图像则要求 $RMSE$ 小于等于多少米。

3.2.3　图像镶嵌和裁剪

卫星图像的地面覆盖范围一般具有固定形状。在实际应用中，应根据研究区的范围和形状对图像进行必要的镶嵌、裁剪等处理。

(1)图像镶嵌

图像的镶嵌是指将不同的图像文件拼接在一起形成一幅完整的包含感兴趣区域的图像。通过镶嵌处理，可以获得覆盖全区的图像。参与镶嵌的图像可以是不同时间同一传感器获取的，也可以是不同时间不同传感器获取的图像，对图像的像元大小、投影方式也没有一致性要求，但要求镶嵌的图像之间要有一定的重叠度，有相同的空间坐标系，图像之间的波段数目应该匹配。

数字图像镶嵌的关键：

一是如何在几何上将多幅不同的图像连接在一起。因为在不同时间用相同的传感器以及在不同时间用不同的传感器获得的图像，其几何变形是不同的。解决几何连接的实质就是几何校正，按照前面的几何纠正方法将所有参加镶嵌的图像校正到统一的坐标系中。去掉重叠部分后将多幅图像拼接起来形成一幅更大幅面的图像。

二是如何保证拼接后的图像反差一致，色调相近，没有明显的接缝。为了解决图像间亮度和色彩的匹配问题，在镶嵌时，首先指定一幅参照图像，作为地理投影、像元大小、数据类型的基准；有必要对各图像之间在全幅或重复覆盖区进行亮度值的匹配，以便均衡地输出图像的亮度值和对比度。常用的图像匹配方法有直方图匹配和彩色亮度匹配。重复覆盖区输出亮度值确的常用方法是：取覆盖区图像对应像元之间的平均值、最小值或最大值；或指定一条切割线。

(2)图像裁剪

图像裁剪的目的是保留图像中研究需要的部分，将研究区之外的部分去除。图像裁剪能够减少图像处理的数据量、提高图像处理效率。需要注意的是，如果图像裁剪不是最终的处理步骤，裁剪后的图像可以比实际研究区略大一些，以免给图像的后续处理带来问题。

思考题

1. 如何用函数形式表示遥感数字图像？
2. 遥感数字图像的矩阵与函数表示有何联系？
3. 什么是图像直方图？直方图在图像处理中有什么作用？
4. 什么是图像的对比度？有哪些衡量方法？
5. 列表计算下列 3*3 数字图像的对比度 C：

数字图像：

2	3	5
1	6	0
4	2	2

对比度计算表：

像元编号(从左至右，从上往下)	像元值	与相邻像元的亮度值差 $d(i,j)$	与相邻像元亮度值差的平方 $d(i,j)^2$	相邻像元的个数(n)
1	2	1　2	1　4	2
2	3	1　3　2	1　9　4	3
3	5			
4	1			
5	6			
6	0			
7	4			
8	2			
9	2			
$C = \sum d(i,j)^2/N =$			$\sum d(i,j)^2 =$	$N = \sum n =$

6. 有一景 3 波段数字图像，分别计算其协方差矩阵和相关系数矩阵。

数字图像：

2	4	5
1	4	0
3	1	2

（band1）

2	3	5
1	6	0
4	2	2

（band2）

1	3	4
1	3	2
4	2	1

（band3）

7. 遥感图像的分辨率有哪几种？

8. 什么是空间分辨率？常用哪些表示方法？

9. 什么是多光谱遥感？什么是光谱分辨率？如何表示？

10. 举例说明不同光谱分辨率的图像的地物识别能力有何差异。

11. 什么是辐射分辨率？辐射分辨率如何表示？

12. 什么是时间分辨率？遥感图像的时间分辨率由哪些因素决定？对地物监测有什么意义？

13. 查资料，比较 Landsat-8 影像和 MODIS 影像的四种分辨率。

14. 遥感图像的最大信息容量由哪些因素决定？图像的数据量与哪些因素有关？

15. 多波段遥感图像的通用存储格式有哪些？各有何特点？

16. 什么是辐射畸变？辐射畸变的产生有哪些原因？

17. 完整的辐射校正过程包含哪些部分？

18. 辐射定标的工作内容是什么？

19. 什么是几何畸变？对图像有什么影响？

20. 多项式法进行几何校正的两大基本环节是什么？

21. 对选取地面控制点有哪些要求？

22. 图像的镶嵌和裁剪作用分别是什么？

第**4**章
遥感数字图像的增强与变换

遥感数字图像增强与变换处理的目的是提高图像质量、突出所需要的信息。其实质是通过运算增强目标和周围背景之间的反差，使图像更易于判读和从图像中提取有用的定量化信息。图像增强与变换的处理可以在空间域进行(如对比度增强、空间滤波、波段运算等)，也可以在变换域进行(如主成分变换、缨帽变换、彩色变换、傅里叶变换等)。

图像增强的方法很多，包括：

①直接改变图像像元值以改变图像反差的对比度增强；

②针对低频或高频成分进行滤波处理从而强调边缘或平滑图像的空间滤波；

③灰阶图像合成显示为彩色图像以增强人眼对地物的分辨能力；

④不同波段或不同时相图像进行运算以突出变化信息或特定地物信息的图像运算；

⑤把高空间分辨率图像和多波段图像进行优势互补的图像融合等。

4.1　对比度增强

卫星遥感的探测范围很广，基本覆盖整个地表，既包括辐射强度很低的海洋，也包括辐射强度很高的积雪和沙地，因此，传感器的设计必须具有能记录各种物质辐射能量的较大范围。但是，对应单景图像，由于包含的地物亮度范围通常都小于传感器的整个记录范围，其亮度直方图表现为亮度值分布比较集中，分布较窄，不能占据整个动态范围，图像显示时会表现出较低的对比度，地物之间的差异和细节表现不明显，图像的显示效果和可分辨性较差。

对比度增强是将图像中的亮度值范围拉伸或压缩成显示系统指定的亮度显示范围，从而提高图像全部或局部的对比度。具体做法是：通过改变图像像元的亮度值来改变图像的对比度，提高图像显示质量。对比度增强又称对比度变换、辐射增强或图像的拉伸。

对比度增强的基本原理是根据某种目标条件按照一定变换关系逐像元改变像元亮度值。设原始图像为 $f(x, y)$，处理后图像为 $g(x, y)$，则对比度变换可表示为图 4-1。

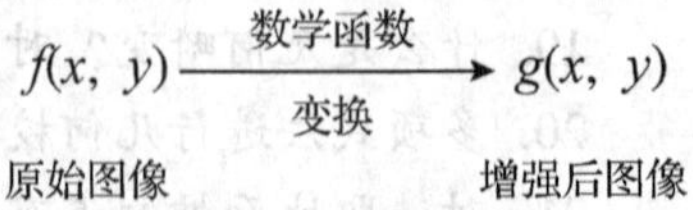

$$f(x, y) \xrightarrow[\text{变换}]{\text{数学函数}} g(x, y)$$

原始图像　　　　　　　增强后图像

对比度增强的数学函数有很多，可以是线性的，也可以是非线性的。

图 4-1　对比度增强示意

4.1.1 线性增强

线性增强是将灰度值动态范围为 $[a, b]$ 的数字图像 $f(x, y)$ 通过线性函数变换为动态范围为 $[c, d]$ 的数字图像 $g(x, y)$。变换前后同一位置的像元亮度值之间的对应关系符合线性关系(图 4-2)。线性变换的表达式如下：

$$g(x, y) = \frac{d - c}{b - a}[f(x, y) - a] + c$$

线性增强只是一种数学运算，运算之后，或许能达到想要的增强反差的目的，也可能适得其反。一般采用 3 种方法来评价图像线性增强的效果：

(1)根据变换前后图像的值域判断

①若 $b - a < d - c$，则变换后图像亮度范围扩大，图像被拉伸，对比度增强；

②若 $b - a > d - c$，则变换后图像亮度范围缩小，图像被压缩，对比度减小。

(2)根据变换直线的斜率判断

①若斜率 >1，则图像对比度增强；

②若斜率 <1，则图像对比度减小。

(3)根据变换前后图像的直方图形态判断

若直方图中亮度值的分布由陡窄趋于宽平，则对比度增强。

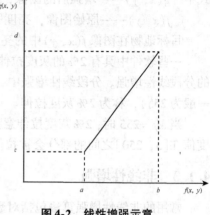

图 4-2 线性增强示意

简单线性变换是按比例扩大原始亮度的等级范围，使输出图像直方图的两端达到饱和。因此，图像中的目标信息和背景信息都被增强，对于识别目标地物的针对性不是很强。

4.1.2 分段线性增强

分段线性增强是将图像亮度级分割为若干区间，然后对每个区间分别进行线性拉伸(图 4-3)。采用分段增强，可以将目标或者其他重要的亮度区间拉伸，使该区间的信息量增大，同时抑制非目标或者不重要的区间。

分段线性增强表达式如下：

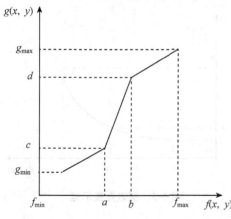

图 4-3 分段线性增强示意

$$g(x, y) = \begin{cases} \dfrac{c - g_{min}}{a - f_{min}}[f(x, y) - f_{min}] + g_{min} & f_{min} \leqslant f(x, y) \leqslant a \\[2mm] \dfrac{d - c}{b - a}[f(x, y) - a] + c & a \leqslant f(x, y) \leqslant b \\[2mm] \dfrac{g_{max} - d}{f_{max} - b}[f(x, y) - b] + d & b \leqslant f(x, y) \leqslant f_{max} \end{cases} \tag{4-1}$$

式中 $g(x, y)$——增强后的图像，亮度取值范围$[g_{\min}, g_{\max}]$；

$\quad\quad f(x, y)$——原始图像，亮度取值范围$[f_{\min}, f_{\max}]$。

目标地物在图像$f(x, y)$中的亮度值$\in[a, b]$，变换后图像中的亮度范围为$[c, d]$。

一些软件中具有2%的灰度拉伸功能，该功能的实现实际上运用的就是图像亮度等级的分段线性增强。分段线性增强中，当$a = 2\% \, Mf$，$b = 98\% \, Mf$时（Mf代表最大灰度级数，一般为255），称为2%灰度拉伸。

当$Mf = 255$时，2%灰度拉伸意味着亮度值小于5和大于250的这两部分会被压缩，亮度值在$[5，250]$之间的部分会被拉伸。

4.1.3 非线性增强

常用的非线性增强算法包括对数变换和指数变换。

(1) 对数变换

对数变换的主要功能是压缩图像亮区的灰度值，拉伸暗区的灰度值（图4-4）。其表达式为：

$$g(x, y) = k\log[mf(x, y) + 1] + n \tag{4-2}$$

式中 k, m, n——用于调整函数曲线位置和形态的参数。

(2) 指数变换

指数变换的主要功能是压缩图像暗区的灰度值，拉伸亮区的灰度值（图4-5）。表达式如下：

$$g(x, y) = k\,e^{mf(x, y)} + n \tag{4-3}$$

式中 k, m, n——用于调整函数曲线位置和形态的参数。

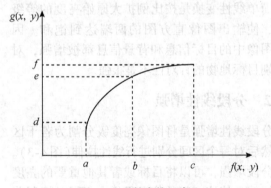

图4-4 对数变换示意

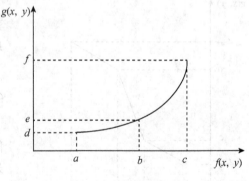

图4-5 指数变换示意

4.1.4 基于直方图均衡的图像拉伸

直方图均衡化是广泛应用的非线性拉伸方法。这种算法根据原始图像各亮度值出现的频率，对图像进行非线性拉伸，使一定灰度范围内的像元数量大致相同，从而使原来直方图中间峰顶部分的对比度得到增强，而两侧的谷底部分对比度降低，输出图像的直方图是一较平的分段直方图。

直方图均衡化有以下特点：

①变换后图像中各灰度级中像素出现的频率近似相等。

②原图像中像素出现频率小的灰度级被合并，实现压缩；出现频率高的灰度级被拉伸，突出了细节信息。

③直方图均衡增强使图像的直方图呈均匀分布，图像所包含的信息量最大。图像直方图的均匀分布可使人眼观看到的图像清晰、明快。

④对于具有正态分布直方图的图像，直方图均衡可以提高图像中细节部分的分辨度，改变亮度值和图像纹理结构之间的关系（赵英时，2013）。

值得注意的是，经过直方图均衡化后，原始图像中具有不同亮度值的像元具有了相同的亮度值；同时，原来一些相似的亮度值被拉开，从而增加了它们之间的对比度。

4.1.5　对比度增强算法的特点

选择怎样的对比度增强算法主要取决于原始图像的直方图特征和图像中哪一部分信息是用户最感兴趣和需要的。多数算法都会引起部分信息的丢失，因此，对比度增强主要用于提高图像的视觉显示，而不适合于对增强后的图像作分类、变化检测及定量反演等。

对比度增强是点运算，即原图像中每一个波段的每一个像元点的亮度值，通过数学运算得到新图像中对应波段对应像元的亮度值，是点到点的映射，跟周围的像元值无关。

对比度变换是以波段为处理对象，通过变换波段中每个像素值来实现对比度增强的效果。对多波段图像，往往需要对每个波段分别进行拉伸后再进行彩色合成显示。

对比度增强处理中，图像亮度直方图是一个重要的工具，用于比较对比度增强前后的图像质量，或作为分析基础为对比度增强的方法选择提供参考。

4.2　图像滤波

图像滤波是利用图像的空间相邻信息和空间变化信息，对单个波段进行的滤波处理。图像滤波可以强化空间尺度信息，突出图像的细节或主体特征，压制其他无关信息或去除图像的某些信息，恢复其他信息。

图像滤波可分为空间域（spatial domain）滤波和频率域（frequency domain）滤波两种方法。空间域滤波通过窗口或权重矩阵（也称模板矩阵或卷积核）进行，参照相邻像元改变单个像元的亮度值，属邻域运算。

4.2.1　空间域滤波

空间域滤波针对图像中的空间频率成分进行处理。空间频率指像元值在一定距离上的变化速率，是表征图像中的亮度值在局部区域变化剧烈程度的指标，是亮度在平面空间上的梯度。依据变化速率的大小可将图像中的成分分为高频成分和低频成分。例如，大面积的水体在图像上是低频成分，灰度变化缓慢；而水体和陆地交界的边缘，则是高频成分，灰度变化比较剧烈。高频成分往往指示的是边缘、纹理或图像噪声；低频成分往往指示的是均匀分布的地物或大面积的稳定结构。

保留图像的高频成分、抑制低频成分的空间域滤波称为高通滤波，增强边缘、纹理信息，起锐化作用，同时，图像中的噪声也会得到增强。

保留图像的低频成分、抑制高频成分的空间域滤波称为低通滤波，抑制图像噪声，起平滑作用，图像中的边缘、纹理信息也会被削弱。

不同于对比度增强的点到点运算，空间域滤波是邻域运算，要得到新图像中某一像元的亮度值，需要原图像对应像元周围一定邻域范围内的像元都参与运算。空间滤波通过指定窗口的大小确定邻域范围。相邻像元对当前像元的影响表现为权重矩阵。

空间域滤波一般通过卷积运算实现，也就是通过窗口图像矩阵与权重矩阵的卷积运算来实现滤波。卷积运算可简单理解为窗口图像矩阵和权重矩阵对应元素相乘之和（图 4-6）。

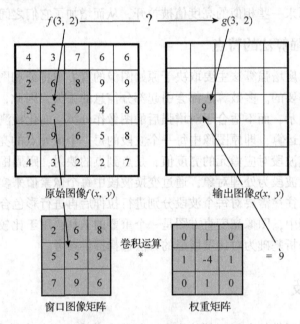

$g(3, 2) = f(2, 1) \times 0 + f(2, 2) \times 1 + f(2, 3) \times 0 + f(3, 1) \times 1 + f(3, 2) \times -4 + f(3, 3) \times 1 + f(4, 1) \times 0 + f(4, 2) \times 1 + f(4, 3) \times 0 = 9$

图 4-6　卷积运算示意

图像的低通滤波和高通滤波都可以通过卷积实现，但滤波效果截然不同，其效果主要取决于权重矩阵的选择。

1）图像平滑——低通滤波

图像在获取和传输过程中，受传感器和大气等因素的影响会存在噪声（韦玉春，2015）。图像噪声在图像上表现为亮点或亮度过大的区域。噪声会影响视觉器官对图像信息的理解或分析。因此，抑制噪声是图像处理中重要的步骤。为抑制噪声、改善图像质量所做的处理称为图像平滑，可通过低通滤波实现。

遥感图像中常见的噪声有高斯噪声、椒盐噪声和周期噪声。不同的噪声类型应选用不同的权重矩阵，才能达到有效去除的效果。

①高斯噪声：噪声的分布比较均匀，可用高斯概率密度来描述。

②椒盐噪声：脉冲噪声，随机改变一些像素值，在二值图像上表现为使一些像素点变

白，一些像素点变黑，类似于随机分布在图像上的胡椒和盐粉微粒。

③周期噪声：是在图像获取过程中受成像设备影响产生的，可通过频率域滤波进行抑制。

低通滤波器较多，如均值滤波、中值滤波、高斯低通滤波、梯度倒数加权平滑等。下面介绍最常用的两种。

(1) 均值滤波

均值滤波是最常用的线性低通滤波器。它均等地对待邻域中的每个像元，取邻域像元值的平均值作为中心像元的新值。均值滤波对抑制高斯噪声比较有效。

均值滤波的基本模板有：

1/9	1/9	1/9
1/9	1/9	1/9
1/9	1/9	1/9

和

1/8	1/8	1/8
1/8	0	1/8
1/8	1/8	1/8

均值滤波计算简单，速度快，但在去掉尖锐噪声的同时造成图像模糊，特别是对图像的边缘和细节削弱很多。随着邻域范围的扩大，去噪能力增强的同时模糊程度也会加重。

为保留图像的边缘和细节信息，可以引入阈值 T 改进：

$$g(x, y) = \begin{cases} g(x, y) & |f(x, y) - g(x, y)| > T \\ f(x, y) & |f(x, y) - g(x, y)| \leq T \end{cases} \tag{4-4}$$

即如果原始图像像元值 $f(x, y)$ 与滤波结果 $g(x, y)$ 之差大于阈值 T，则取滤波结果；否则取原值。

(2) 中值滤波

中值滤波是另一种常用的非线性平滑滤波器，它首先将窗口矩阵内的所有像元值按大小排序，然后取中间值作为中心像元的新值。中值滤波在抑制噪声的同时能够有效保留边缘，减轻图像的模糊现象。

与均值滤波相比，中值滤波对随机噪声的抑制效果要差一些，但对椒盐噪声的抑制效果要好一些。

中值滤波的特殊之处在于仅需要指定窗口的大小，而模板上没有数值。

【例】用 3×3 的窗口矩阵对图像进行中值滤波。

以 $g(3, 2) = ?$ 为例：首先取出以 $f(3, 2)$ 为中心的 3×3 窗口图像的 9 个像元值。然后由小到大排序：22，25，27，27，29，29，29，47，60。排在第 5 位的值是 29，即中值为 29（图 4-7）。

2) 图像锐化——高通滤波

为突出图像中的地物边缘、轮廓或线状目标，可以采用锐化的方法，锐化可以提高边缘与周围像素之间的反差，这种处理方法称为边缘增强。原始图像经过卷积计算后产生梯度图像（又称边缘图像，像元值可以大于 0，也可以小于 0），原始图像与梯度图像相加之和就是锐化后的图像。

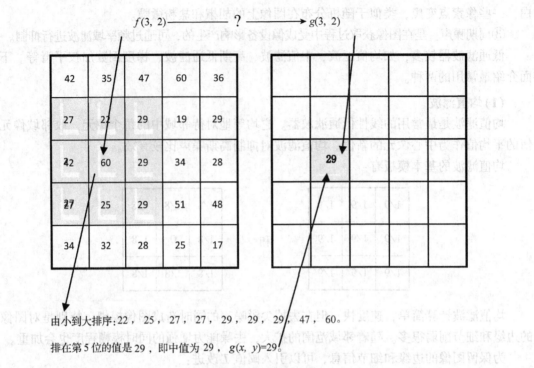

由小到大排序:22,25,27,27,29,29,29,47,60。

排在第5位的值是29,即中值为29,$g(x, y)=29$。

图 4-7 中值滤波示意

图像锐化常用的模板有 Roberts 梯度、Prewitt 梯度、Sobel 梯度和 Laplacian 算子,还有各种边缘检测的模板。

(1)Roberts 梯度

罗伯特梯度同时用到两个模板:

1	0
0	-1

和

0	1
-1	0

相当于在图像上开了一个 2×2 的窗口(以左上角像元为中心像元),先后用两个模板对窗口图像矩阵进行卷积,各取绝对值后相加。

Roberts 梯度的意义在于用交叉的方法检测出像元与其在上下之间或左右之间或斜方向之间的差异(韦玉春等,2015)。

(2)Prewitt 梯度和 Sobel 梯度

Prewitt 梯度也同时用到两个模板。与 Roberts 梯度相比,该模板较多地考虑了邻域间的关系,模板由 2×2 扩大到 3×3。

−1	−1	−1
0	0	0
1	1	1

和

−1	0	1
−1	0	1
−1	0	1

第一个模板检测水平方向的地物，第二个模板检测垂直方向的地物。

Sobel 梯度也同时用到两个 3×3 模板：

−1	−2	−1
0	0	0
1	2	1

和

−1	0	1
−2	0	2
−1	0	1

Prewitt 梯度和 Sobel 梯度不适用于含有大量噪声的图像。

（3）Laplacian 算子

Laplacian 算子采用一个 3×3 模板。该模板首先选取中心像元上下左右 4 个相邻像元的值，相加求和后减去中心像元值的 4 倍作为中心像元的新值。

0	1	0
1	−4	1
0	1	0

这个模板是标准的 Laplacian 算子。

Laplacian 算子还可以有其他变化形式：

0	−1	0
−1	4	−1
0	−1	0

−1/8	−1/8	−1/8
−1/8	1	−1/8
−1/8	−1/8	−1/8

1	1	1
1	−8	1
1	1	1

0	−1	0
−1	5	−1
0	−1	0

某些软件中的 Laplacian 算子的符号与标准 Laplacian 算子相反。

Laplacian 算子是不依赖于方向性的差分运算中最简单最常用的算子，它是各向同性的，比较容易受到图像中噪声的影响。因此，在实际应用中，经常先进行平滑滤波，再进行 Laplacian 锐化。

窗口大小影响锐化结果。窗口越大，越突出主要地物边缘。

(4) 定向检测

定向检测是指用模板提取某一特定方向的边缘或线性特征。常用的模板有：

①检测垂直线的模板：

−1	0	1
−1	0	1
−1	0	1

或

−1	2	−1
−1	2	−1
−1	2	−1

②检测水平线的模板：

−1	−1	−1
0	0	0
1	1	1

或

−1	−1	−1
2	2	2
−1	−1	−1

③检测对角线的模板：

−1	−1	2
−1	2	−1
2	−1	−1

2	−1	−1
−1	2	−1
−1	−1	2

0	1	1
−1	0	1
−1	−1	0

1	1	0
1	0	−1
0	−1	−1

4.2.2　频率域滤波

频率域滤波是对图像进行傅里叶变换（Fourier transform），再对变换后的频率域图像中的频谱（频率的信号）进行滤波。如果考虑的邻域较小，在空间域进行滤波效率更高一些，否则，应该在频率域进行图像滤波。某些滤波，例如，去除图像的周期性条带噪声，或由于传感器异常引起的规律性错误，在空间域进行难以达到预期效果，往往需要在频率域进行。

1) 基本工作流程

在频率域进行滤波处理的基本工作流程为：

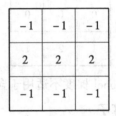

$$f(x, y) \xrightarrow{\text{傅里叶变换}} F(u, v) \xrightarrow{\text{滤波器 } H(u, v)} G(u, v) \xrightarrow{\text{傅里叶逆变换}} g(x, y)$$

空间域图像　　　　　频率域图像　　　　　处理后的频率域图像　　　　处理后的空间域图像

流程中　$f(x, y)$——空间域图像；

　　　　(x, y)——图像的空间坐标；

　　　　$F(u, v)$——频率域图像，也称频谱；

(u, v)——分别代表 x 轴和 y 轴方向上的空间频率分量；

滤波器 $H(u, v)$——为传递函数；

$G(u, v)$ 和 $g(x, y)$——分别代表滤波处理后的频率域图像和空间域图像。

对指定图像的一个波段 $f(x, y)$ 按照计算公式进行正向傅里叶变换，产生频率域图像 $F(u, v)$；然后，在频率域内对傅里叶图像进行滤波、掩膜等各种处理，减少或者消除部分高频或低频成分，达到去噪、增强、提取纹理特征等目的，即变换后的频谱 $F(u, v)$ 乘以传递函数 $H(u, v)$（这一过程称为加窗），得到新的频率域图像 $G(u, v)$；最后，再对 $G(u, v)$ 进行逆向傅里叶变换得到空间域图像 $g(x, y)$。

2) 傅里叶变换

传感器获取的图像信号中包含两个成分：有效信号和干扰信号。有效信号载荷了研究对象的性质，是我们所需要的；干扰信号对研究对象性质的表现起干扰破坏作用，是我们不需要的。图像滤波处理的一个主要目的就是削弱干扰信号，保持或增强有效信号。在很多情况下，干扰信号的频谱和有效信号的频谱是不同的，常规图像信号随频率的增长很快衰减，而噪声一般随频率的增长而增加或没有明显的衰减。利用这一点可以将两种信号分离，然后有针对性地设计不同的滤波器进行处理，削弱干扰信号。要做到这一点，需要采用傅里叶变换将图像分解为不同频谱的成分。数字图像处理中所用的傅里叶变换属于二维离散傅里叶变换（discrete Fourier transform，DFT）。

图像通过傅里叶变换可分解成不同频谱上的成分的线性组合，可以显示成一个二维的散度图（通常称为傅里叶谱、频谱图或频率域图像），该散度图与原图像的大小一致。

二维傅里叶变换通常表示为：

$$f(x, y) \longrightarrow F(u, v) \tag{4-5}$$

式中 $f(x, y)$——空间域图像；

(x, y)——图像的空间坐标；

$F(u, v)$——频率域图像，也称频谱；

(u, v)——分别代表 x 轴和 y 轴方向上的空间频率分量（朱文泉，2015；韦玉春，2015）。

经傅里叶变换得到的频谱图实质上是表明频率和功率谱的图。频率的大小由频率谱的位置表示；功率谱的大小由图像的亮度来表示。频谱图代表着频率的频数分布图。一般来讲，频谱图上某一位置（对应于某一频率）的亮度强，说明对应于该频率的功率谱大，也就是对应该频率的梯度含有较多的像元数。

初始的傅里叶变换后，低频位于变换后图像的四个边缘，不便于可视化。实际应用中，往往对图像进行重组，使中心是原点的低频（频谱图像中心化处理），从中心向外，频率增高。图像中心为原始图像的平均亮度值，频率为 0。图像中的高亮度表明该处频率特征明显，对应的像元数多。对于亮度值差异不显著的图像，由于低频像元数较多，高亮度值在频谱图上主要集中分布在低频部分。如果对图像进行中心化处理，可以使图像中心非常亮，周边很暗；对于亮度值变化较为剧烈的图像，其频谱图上的高亮度值主要会集中分布在高频部分，该图像经中心化处理后，频谱图中心比较暗，周围比较亮。频率域图像中明显的频率变化方向与原始图像中的地物分布方向垂直，具体表现为：原图像水平特征在频谱图垂直方向的频率变化比较明显，原图像垂直特征在频谱图水平方向的频率变化比较明显。

频谱是图像的综合性质，频谱图上的各点与空间域图像上各点不存在一一对应的关系，两个域之间也不存在局部的对应关系。空间域的局部变化会影响频率域的全局，频率域的局部变化也会反过来影响空间域的全局。

傅里叶变换是将空间域图像变换到频率域图像进行处理，处理完成后，再通过傅里叶逆变换将频率域图像变换回空间域。

3) 滤波器

在频率域图像处理中，滤波器又称为传递函数，用 $H(u, v)$ 表示。

常用的滤波器有 5 种：

①低通滤波器：保留图像中的低频成分，去除高频成分。

②高通滤波器：保留高频成分，去除低频成分。

③带通滤波器：保留特定频率范围的信息。

④带阻滤波器：阻止特定频率范围的信息。

⑤自定义滤波器：根据需要人为定义，可以是矩形、椭圆、多边形等。

(1) 理想滤波器

设在频谱图中，某一点 (u, v) 到原点的距离为：

$$D(u, v) = (u^2 + v^2)^{\frac{1}{2}} \tag{4-6}$$

设滤波器的截止频率(滤波半径)为 D_0，其大小根据需要确定。

则理想低通滤波器(ideal filter)的传递函数为：

$$H(u, v) = \begin{cases} 1 & D(u, v) \leqslant D_0 \\ 0 & D(u, v) > D_0 \end{cases} \quad (D_0 \geqslant 0) \tag{4-7}$$

图像中小于 D_0 的频率成分全部通过，大于 D_0 的频率成分全部被阻拦。

理想高通滤波器的传递函数为：

$$H(u, v) = \begin{cases} 0 & D(u, v) \leqslant D_0 \\ 1 & D(u, v) > D_0 \end{cases} \quad (D_0) \geqslant 0$$

图像中小于 D_0 的频率成分全部被阻拦，大于 D_0 的频率成分全部通过。

理想滤波器的特点是两种取值之间缺乏过渡，边缘非常陡峭，具有明显的不连续性。处理后的图像存在明显的振荡晕圈(边缘抖动)，又称振铃现象。

(2) 巴特沃斯滤波器(Butterworth filter)

①巴特沃斯低通滤波器的传递函数为：

$$H(u, v) = \frac{1}{1 + \left[\dfrac{D(u, v)}{D_0}\right]^{2n}} \quad (n = 1, 2, 3, \cdots) \tag{4-8}$$

式中　n——阶数。

频谱图像中心，即 $D(u, v) = D_0$ 时，$H(u, v)$ 取最大值 1，随着 $D(u, v)$ 的增加，$H(u, v)$ 的取值逐渐下降，下降的幅度与 n 的取值有关，n 值越大，滤波器越接近理想滤波器，衰减得越快。

巴特沃斯低通滤波器的特点是连续衰减，处理后图像边缘的模糊程度比理想低通滤波器大大降低，振铃现象随 n 取值的增大而愈加明显。

②巴特沃斯高通滤波器的传递函数为：

$$H(u, v) = \frac{1}{1 + \left[\dfrac{D_0}{D(u, v)}\right]^{2n}} \qquad (n = 1, 2, 3, \cdots) \tag{4-9}$$

巴特沃斯高通滤波器的锐化效果较好。

不同的滤波半径（D_0）和阶数（n）对图像的滤波效果不同：滤波半径越小，滤波效果越好；阶数越高，滤波效果越好。

(3) 指数滤波器（exponential filter）

①指数低通滤波器的传递函数为：

$$H(u, v) = \mathrm{e}^{-\left[\frac{D(u, v)}{D_0}\right]} \qquad (n = 1, 2, 3, \cdots) \tag{4-10}$$

处理后图像边缘的模糊程度比巴特沃斯低通滤波器要大。

②指数高通滤波器的传递函数为：

$$H(u, v) = \mathrm{e}^{-\left[\frac{D_0}{D(u, v)}\right]} \qquad (n = 1, 2, 3, \cdots) \tag{4-11}$$

处理后效果比巴特沃斯高通滤波器差。

(4) 梯形滤波器（trapezoidal filter）

设 D_0 为截止频率，

再设 D_1，

令 $D_1 > D_0$，

则梯形低通滤波器传递函数为：

$$H(u, v) = \begin{cases} 1 & D(u, v) < D_0 \\ \dfrac{D(u, v) - D_1}{D_0 - D_1} & D_0 \leqslant D(u, v) \leqslant D_1 \\ 0 & D(u, v) > D_1 \end{cases} \tag{4-12}$$

处理后，图像中小于 D_0 的频率成分全部通过，大于 D_1 的频率成分全部被阻拦；D_0 和 D_1 之间的频率成分随着 $D(u, v)$ 的增大通过率呈线性减小。

梯形低通滤波器介于理想低通滤波器和指数低通滤波器之间，处理后的图像有一定的模糊。

设 D_0 为截止频率，

再设 D_1，

令 $D_0 > D_1 \geqslant 0$，

则梯形高通滤波器传递函数为：

$$H(u, v) = \begin{cases} 0 & D(u, v) < D_1 \\ \dfrac{D(u, v) - D_1}{D_0 - D_1} & D_1 \leqslant D(u, v) \leqslant D_0 \\ 1 & D(u, v) > D_0 \end{cases} \tag{4-13}$$

处理后，图像中小于 D_1 的频率成分全部被阻拦，大于 D_0 的频率成分全部通过；D_1 和 D_0 之间的频率成分通过率随 $D(u, v)$ 的增大呈线性增大。

虽然梯形高通滤波器处理后的图像会产生轻微振铃现象，但因计算简单而被经常使用。

（5）高斯滤波器（Gaussian filter）

①高斯低通滤波器的传递函数为：

$$H(u, v) = \mathrm{e}^{-D(u, v)^2/2D_0^2}$$

②高斯高通滤波器的传递函数为：

$$H(u, v) = 1 - \mathrm{e}^{-D(u, v)^2/2D_0^2}$$

高斯滤波器过渡非常平坦，处理后的图像不会产生振铃现象。

4.2.3　图像滤波注意事项

图像滤波每次仅对一个波段的图像进行处理。不同波段的图像特征不同，往往需要选用不同的模板进行滤波处理。

计算时可能遇到的一些具体问题及解决办法如下：

（1）图像边界问题及解决办法

当模板移到图像边界时，可能出现在原图像中找不到与模板元素相对应的像元，导致无法计算的问题。其解决办法为：

①忽略图像边界数据；

②在图像四周复制图像边界的数据，再进行运算。

（2）计算出的像元值超出有效范围

①如计算出的像元值超出可显示的最大亮度值，则可按比例缩小所有的像元值。

②如计算出的像元值小于 0，则：

a. 直接将负值置为 0；

b. 取负值的绝对值；

c. 将所有像元值加一常数值，使最小负值加大至 0。

4.3　图像运算

图像运算指以同一区域为目标的不同图像之间进行的运算，包括多光谱图像的波段间运算、不同时期观测的图像间运算及不同来源的图像间运算等。运算的结果仍是图像数据。

图像运算大致可分为逻辑运算和算术运算。

4.3.1　逻辑运算

逻辑运算是指把图像间的逻辑和、逻辑积等逻辑运算组合起来提取出逻辑特征的方法。逻辑运算多用于社会经济数据及地图数据等图像以外数据的组合分析。例如，用逻辑运算$(B1 > v1)$ and $(B2 < v2)$可以提取出满足条件一：B1 图像中像元值大于 v1、并且满足条件二：B2 图像中像元值小于 v2 的像元。

4.3.2 算术运算

算术运算指把加减乘除组合起来进行图像间的运算。参与运算的数据，可以是单个图像不同波段，也可以是多个图像波段、常数（至少一个是波段数据）或文件。

设 B1 和 B2 分别为参加运算的数据，B 为运算结果数据。

(1)加法运算

基本公式为：

$$B = B1 + B2 \tag{4-14}$$

加法运算主要用于对同一区域不同时段图像的均值计算，可以减少图像的加性随机噪声或获取特定时段的平均统计特征；也可以给定权重求加权平均值，达到特定的增强效果。

(2)减法运算

基本公式为：

$$B = B1 - B2 \tag{4-15}$$

减法运算体现了不同波段或不同时段图像的差异信息，可用于变化探测、动态监测、图像背景消除、不同图像处理效果比较等方面。例如，森林火灾后过火面积计算、洪水灾害损失评估、城市扩展范围确定、冰川消融监测及河口泥沙淤积检测等。

(3)乘法运算

基本公式为：

$$B = B1 \times B2 \tag{4-16}$$

乘法运算可用于图像掩膜，即遮掉图像中的某些部分。

(4)除法运算

基本公式为：

$$B = \frac{B1}{B2} \tag{4-17}$$

除法运算可以突出图像中的特定信息，也可以减弱同一地物由于处于不同的地形部位和光照条件导致的同物异谱现象，提高图像的可分辨性。

需要注意的是，除法运算的分母不能为零。在软件操作中，往往把 B2 的数据类型设为浮点型，即 float(B2)。

B2 可以是其他的图像波段，也可以是 B1 波段中的某个常数，如最大值、最小值、平均值、方差等。

(5)归一化运算

基本公式为：

$$B = \frac{B1 - B2}{B1 + B2} \tag{4-18}$$

$B \in [-1, 1]$，归一化运算有明确的值域，可以避免出现运算结果夸大差异的情况。

4.3.3 图像运算的应用

图像运算操作简单、灵活，如果能够结合地物光谱特征进行算法设计，可以达到突出特定地物信息、消除噪声成分、去除地形影响、检测变化信息等图像处理效果，用途非常广泛。

1) 植被指数(vegetation index, *VI*)

植被指数是陆地遥感中应用最成功的模型之一。植被生理和结构上的特点使其呈现出独特的反射光谱特征。健康的绿色植被吸收红光(red)的同时，强烈反射近红外光谱(near infrared, NIR)，建立植被指数的关键就是通过各种运算组合两个波段数据来增大两个波段间的反射率差异。多年来，国内外学者已经提出了几十种不同的植被指数模型，下面介绍几种。

(1) 差值植被指数(difference vegetation index, *DVI*)

差值植被指数的计算公式为：

$$DVI = \rho_{NIR} - \rho_{red} \tag{4-19}$$

式中 ρ——光谱反射率，无量纲；

ρ_{NIR}，ρ_{red}——分别代表近红外波段和红波段的地表反射率，也可用 *DN* 值表示。

绿色植被 *DVI* 值高，非植被区 *DVI* 值低。*DVI* 能增强植被与背景之间的辐射差异，是植被长势、丰度的指示参数。

DVI 对土壤背景的变化极为敏感，有利于进行植被生态环境监测，适用于植被发育早、中期或低、中植被覆盖度的情况。当植被覆盖度大于80%时，*DVI* 对植被的敏感度会下降。

(2) 比值植被指数(ratio vegetation index, *RVI*)

比值植被指数的计算公式为：

$$RVI = \frac{\rho_{NIR}}{\rho_{red}} \tag{4-20}$$

大气效应会大大降低 *RVI* 对植被检测的灵敏度。因此，计算 *RVI* 值之前，首先应进行大气校正，将 *DN* 值转换为反射率 ρ，以消除大气影响。

(3) 归一化植被指数(normalized difference vegetation index, *NDVI*)

归一化植被指数的计算公式为：

$$NDVI = \frac{\rho_{NIR} - \rho_{red}}{\rho_{NIR} + \rho_{red}} \tag{4-21}$$

NDVI 是迄今为止应用最广泛、最著名的植被指数，是对 *RVI* 的改进。*NDVI* 利用归一化运算将比值限定于[-1, 1]之间，避免了由浓密植被红光反射很小可能导致的 *RVI* 值无界增长的情况。

NDVI 的优势很突出，具体表现为(赵英时，2013)：

①*NDVI* 与众多植被参数关系密切，是表征植被生长状态的最佳指示因子。研究表明，

NDVI 与叶面积指数(*LAI*)、绿色生物量、植被覆盖度、光合作用等有明显的相关性。

②*NDVI* 经过比值处理，可以部分消除太阳高度角、卫星观测角、地形变化、云、阴影和大气衰减等的影响。

③几种典型的陆地表面覆盖类型在大尺度 *NDVI* 图像上区分明显。云、水、雪 *NDVI* < 0；岩石、裸土 *NDVI*≈0；植被 *NDVI* > 0。

NDVI 的敏感性与植被覆盖度关系密切：在低植被覆盖区(植被覆盖度 < 15% 时)，植被可以被检测出来，但很难指示区域的植被生物量；在中等植被覆盖区(植被覆盖度25%~80% 时)，*NDVI* 值随植物量的增加呈线性迅速增加；在高植被覆盖区(植被覆盖度 > 80% 时)，*NDVI* 值增加迟缓而呈现饱和状态，对植被检测的灵敏度下降。*NDVI* 更适合于植被发育中期或中等覆盖度的植被检测。

(4)土壤调整植被指数(soil-adjusted vegetation index，*SAVI*)

土壤调整植被指数的计算公式为：

$$SAVI = \frac{\rho_{NIR} - \rho_{red}}{\rho_{NIR} + \rho_{red} + L} \times (1 + L) \tag{4-22}$$

或

$$SAVI = \frac{DN_{NIR} - DN_{red}}{DN_{NIR} + DN_{red} + L} \times (1 + L) \tag{4-23}$$

式中 L——土壤调节系数，随植被盖度而变化，用于减小植被指数对不同土壤反射变化的敏感性，取值取决于先验知识。

当 $L = 0$ 时，*SAVI* = *NDVI*；对于中等植被覆盖度区，$L≈0.5$；随植被盖度增加，L 降低。乘法因子$(1 + L)$主要用于保证最后的 *SAVI* 值与 *NDVI* 值同样介于 −1 到 1 之间。

(5)增强植被指数(enhanced vegetation index，*EVI*)

增强植被指数的计算公式为：

$$EVI = G \times \frac{\rho_{NIR} - \rho_{red}}{\rho_{NIR} + c_1\rho_{red} - c_2\rho_{blue} + L}$$

式中 ρ——大气层顶或经大气校正的地表反射率；

L——背景(土壤)调整系数；

c_1，c_2——拟合系数。它通过蓝波段和红波段的差别来补偿气溶胶对红波段的影响。

用于 MODIS 图像时，$L = 1$，$c_1 = 6$，$c_2 = 7.5$，$G = 2.5$。

EVI 又称为改进型土壤大气修正植被指数，该指数对高生物量比较敏感。通过减弱植被冠层背景信号和降低大气影响来优化植被信号和加强植被监测。

(6)垂直植被指数(perpendicular vegetation index，*PVI*)

垂直植被指数的计算公式为：

$$PVI = \sqrt{(\rho_{reds} - \rho_{redv})^2 + (\rho_{NIRs} - \rho_{NIRv})^2} \tag{4-24}$$

式中 ρ_{red}，ρ_{NIR}——分别表示红、近红外波段反射率；

s，v——下标分别表示土壤和植被。

PVI 定义为植被像元到土壤线的垂直距离，表征土壤背景上存在植被的生物量，距离

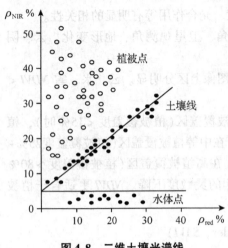

图 4-8 二维土壤光谱线

越大，生物量越大。

在 NIR-R 通道的二维坐标中，土壤（植被背景）光谱特性的变化表现为一条由近于原点发射的直线，称为土壤线（土壤亮度线）（图4-8）。所有植被背景等非光合作用目标及其变化均表现在基线上，所有的植被像元均分布在基线上的 *NIR* 一侧。植被像元到基线的距离与植物量有关，绿色光合作用越强，离"土壤线"越远。

PVI 的显著特点是较好的滤除了土壤背景的影响，且对大气效应的敏感程度较小，所以被广泛应用于大面积作物估产。

建立植被指数的关键在于如何有效地综合有关的光谱信号，在增强植被信息的同时，使非植被信号最小化。

受到植被本身、环境条件、大气状况等多种因素的影响，植被指数往往具有明显的地域性和时效性。多年来，国内外学者已经提出了几十种不同的植被指数模型，在实践中，可根据区域、图像等具体情况选择使用。

2）其他指数

与植被指数类似，学者们也提出了针对其他目标（如水体、矿物、建筑等）的计算式。

（1）水体指数（water index，*WI*）

水体指数如：归一化差异水体指数（normalized difference water index，*NDWI*）

计算公式为：

$$NDWI = (\rho_g - \rho_{NIR}) / (\rho_g + \rho_{NIR}) \tag{4-25}$$

式中 ρ_g、ρ_{NIR}——分别表示绿、近红外波段反射率。

（2）建筑指数（building index，*BI*）

建筑指数如：归一化建筑指数（normalized difference building index，*NDBI*）。

计算公式为：

$$NDBI = (\rho_{SWIR} - \rho_{NIR}) / (\rho_{SWIR} + \rho_{NIR}) \tag{4-26}$$

3）其他应用

图像运算简单灵活，是图像处理中的常用工具。图像运算的其他应用包括：

（1）替换图像中特定的像元值

采用运算式 $-9999 \times (B1 = 0) + B1 \times (B1 > 0)$ 可将 B1 图像中的 0 值替换为 -9999。

（2）图像数值标准化

如通过运算式 $[B1 - \min(B1)] / [\max(B1) - \min(B1)]$ 将 B1 标准化到 $[-1, 1]$ 区间。

（3）图像掩膜

通过运算式 $B2 \times (B1 = 0)$ 利用图像 B1 中等于零的部分对图像 B2 进行掩膜。

4.4　图像变换

图像变换(transform)是利用单波段或多波段中的相关信息对像元值进行数学变换，目的是使问题的求解变得简单。图像变换是一种常用的、有效的分析手段，提供了一种从不同的角度观察图像，对图像处理的对象、方法、内容有了不同的认识和拓展。图像变换有深厚的物理背景，例如：将图像看作二维函数进行傅里叶变换，其结果反映了地物信息在频谱上的频率分布。

图像变换的目的一般包括：简化图像处理、便于特征提取、实现图像压缩、从概念上增强对图像信息的理解(如缨帽变换后的图像前几个成分分别对应亮度信息、绿度信息和湿度信息)。图像变换在校正前后均可进行(韦玉春等，2016)。

图像变换一般包括正变换和逆变换两个过程。正变换是将图像变换为新的图像，然后进行处理；逆变换则是将处理后的图像还原为原始形式的图像，以便与原始图像进行对比。

常用的图像变换算法主要包括三大类：

①基于特征分析的变换，如主成分分析、最小噪声分离、缨帽变换和独立成分分析；

②频率域变换，如傅里叶变换和小波变换；

③彩色空间变换。

傅里叶变换在滤波部分已经进行了详细介绍，下面主要介绍主成分变换、缨帽变换和彩色空间变换。

4.4.1　多光谱变换

遥感多光谱图像波段多、信息量大，对解译图像很有价值。但是，由于物质光谱本身的相关性、地形、传感器设置波段之间的重叠等因素，导致多光谱图像各波段数据之间经常相关性很大，它们的数值及显示出来的视觉效果往往很相似，存在数据的冗余，因此，对图像解译时没有必要对所有波段的大量数据进行分析。

那么，能否找到一种方法既能减少数据量，又能保留图像的主要信息呢？这种方法就叫多光谱变换。多光谱变换就是通过函数变换，达到既保留图像的主要信息，又降低了图像的数据量，从而实现图像降维、去噪或提取有用信息的目的。

从数学上来讲，通过对图像进行线性变换实现多光谱变换。

表达式为：

$$Y = AX \tag{4-27}$$

式中　X——原图像的某个像元矢量，$X = (x_1, x_2, \cdots, x_n)^T$($n$ 为波段数)；

Y——变换后图像中对应于 X 的某个像元矢量，$Y = (y_1, y_2, \cdots, y_n)^T$；

A——变换矩阵。

如图 4-9 所示，在 Erdas 软件中，将十字光标定位于多光谱图像的某一像元，在查询信息框中会显示出该像元的坐标和它在 band 1~7 上的 DN 值，即 $x_1, x_2, \cdots, x_n$ 的具体数值。

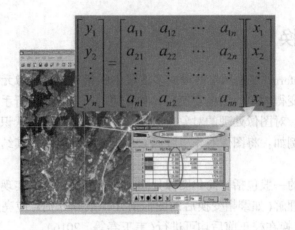

$$\begin{bmatrix} y_1 \\ y_2 \\ \vdots \\ y_n \end{bmatrix} = \begin{bmatrix} a_{11} & a_{12} & \cdots & a_{1n} \\ a_{21} & a_{22} & \cdots & a_{2n} \\ \vdots & \vdots & \cdots & \vdots \\ a_{n1} & a_{n2} & \cdots & a_{nn} \end{bmatrix} \begin{bmatrix} x_1 \\ x_2 \\ \vdots \\ x_n \end{bmatrix}$$

图4-9　像元坐标值查询

将 $Y = AX$ 展开后为式(4-28)：

$$\begin{bmatrix} y_1 \\ y_2 \\ \cdots \\ y_n \end{bmatrix} = \begin{bmatrix} a_{11} & a_{12} & \cdots & a_{1n} \\ a_{21} & a_{22} & \cdots & a_{2n} \\ \cdots & \cdots & \ddots & \cdots \\ a_{n1} & a_{n2} & \cdots & a_{nn} \end{bmatrix} \times \begin{bmatrix} x_1 \\ x_2 \\ \cdots \\ x_n \end{bmatrix} \tag{4-28}$$

即原图像中的每一像元矢量逐个乘以矩阵 A 得到新图像中的每一像元矢量。

变换矩阵 A 的取值决定了变换后的效果。

(1) 主成分分析(principal component analysis，PCA)

主成分分析由 Karl Pearson 提出，是考察多个数值变量间相关性的一种多元统计方法。主成分变换的基本原理是将多个波段的信息压缩到比原波段更有效的少数几个分量上，信息压缩可以消除多光谱数据中各波段间的相关性，对于图像降维和去除噪声非常有效。

主成分分析的变换矩阵 A，为 X 图像空间协方差矩阵的特征向量矩阵的转置矩阵。主成分变换可以通过数据协方差矩阵的特征值分解或数据矩阵的奇异值分解得到主成分。主成分的个数小于或等于原变量的个数，第一主成分包含最大的数据方差百分比(即这一分量中变量变化最大)，第二主成分包含第二大的方差并且与第一主成分正交(即不相关)，依此类推，最后的主成分包含很小的方差(大多数由原始数据的噪声引起)。

主成分变换的基本性质(韦玉春等，2015)：

①总方差不变性：当主成分个数与原始数据的维数相等时，变换前后总方差保持不变，变换只是把原有的方差在新的主成分上重新进行了分配。

②正交性：变换后得到的主成分之间不相关。

③前几个成分包含了总方差的大部分：一般要求输出图像所选成分的方差和占总方差的比例大于 85%。

在 ENVI 软件中对一个多光谱图像做主成分变换，前 3 个成分已包括了原始图像中的绝大多数信息($V = 96.83\%$)。从第 4 主成分起，图像中出现了明显的噪声(图4-10)。

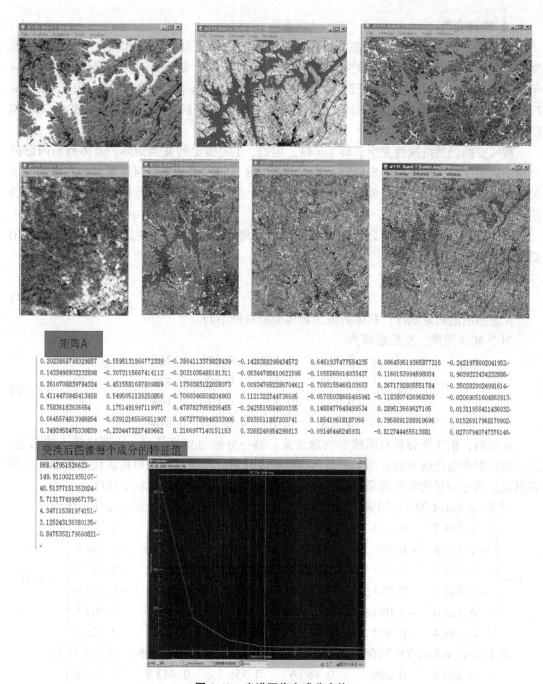

图 4-10 光谱图像主成分变换

在遥感图像分类中，常利用主成分分析算法消除波段之间的相关性，并进行特征选取；还可用来对图像进行压缩和信息融合。如对 TM6 个波段的多光谱图像进行主成分分析，然后把得到的第 1 主成分、第 2 主成分和第 3 主成分图像进行彩色合成，可得到信息量非常丰富的彩色图像。

（2）缨帽变换

1976 年，Kauth 和 Thomas 在分析陆地卫星 MSS 图像反映农作物和植被生长过程的数据结构时，构造了一种经验性的线性变换方法，简称 K-T 变换，又称为缨帽变换。1984 年，Crist 和 Cicone 提出用于处理 TM 图像的缨帽变换。Huang 于 2002 年提出用于 Landsat-7 的 ETM + 数据的缨帽变换矩阵。到目前为止，缨帽变换主要用于处理 MSS、TM 和 ETM + 图像。

缨帽变换仍然是线性变换，即 $Y = AX$。但是，A 为确定的变换矩阵，具体数值因影像类型不同而变化。变换后的坐标轴不是指向主成分方向，而是指向与地面景物有密切关系的方向。抓取植被和土壤在多光谱空间中的特征，对陆地卫星影像数据分析在农业方面的应用有重要意义。

缨帽变换既可以实现信息压缩，又可以帮助解译农作物特征，具有很大的实际应用意义。

变换公式为：

$$Y = AX \tag{4-29}$$

A 是给出的确定矩阵，具体数值因影像类型有所不同。

对于 MSS 图像，变换矩阵为：

$$A = \begin{bmatrix} 0.433 & 0.632 & 0.586 & 0.264 \\ -0.290 & -0.562 & 0.600 & 0.491 \\ -0.829 & 0.522 & -0.039 & 0.194 \\ 0.223 & 0.012 & -0.543 & 0.810 \end{bmatrix} \tag{4-30}$$

变换后，前 3 个分量有明确的物理意义：第一分量为亮度分量，主要反映土壤信息，是土壤反射率变化的方向；第二分量为绿色物质分量，反映植物的绿度，代表植物的生物量状况；第三分量为黄色物质分量，反映植物的黄度，代表植物的枯萎程度。

对于 landsat-4 的 TM 图像，取 TM 1~5 波段和第 7 波段进行变换，变换矩阵为：

$$A = \begin{bmatrix} 0.3037 & 0.2793 & 0.4743 & 0.5585 & 0.5082 & 0.1863 \\ -0.2848 & -0.2435 & -0.5436 & 0.7243 & 0.0840 & -0.1800 \\ 0.1509 & 0.1973 & 0.3273 & 0.3406 & -0.7112 & -0.4573 \\ -0.8242 & -0.0849 & 0.4392 & -0.0580 & 0.2012 & -0.2768 \\ -0.3280 & -0.0549 & 0.1075 & 0.1855 & -0.4357 & 0.8085 \\ 0.1084 & -0.9022 & 0.4120 & 0.0573 & -0.0251 & 0.0238 \end{bmatrix} \tag{4-31}$$

对于 landsat-5 的 TM 图像，取 TM 1~5 波段和第 7 波段进行变换，变换矩阵为：

$$A = \begin{bmatrix} 0.2909 & 0.2493 & 0.4806 & 0.5585 & 0.4438 & 0.1706 \\ -0.2728 & -0.2174 & -0.5508 & 0.7221 & 0.0733 & -0.1648 \\ 0.1446 & 0.1761 & 0.3322 & 0.3396 & -0.6210 & -0.4186 \\ -0.8461 & -0.0731 & -0.4640 & -0.0032 & -0.0492 & 0.0119 \\ 0.0549 & -0.0232 & 0.0339 & -0.1937 & 0.4162 & -0.7823 \\ 0.1186 & -0.8069 & 0.4094 & 0.0571 & -0.0228 & -0.0220 \end{bmatrix} \tag{4-32}$$

TM 数据进行缨帽变换后，前四个分量有比较明确的物理意义：第 1 分量代表亮度，是 6 个波段的加权和，反映总体的反射值；第 2 分量代表绿度，band 5 和 band 7 有很大抵消，剩下是近红外 band 4 与可见光部分的差值，反映了绿色生物量的特征；第 3 个分量代表湿度，反映了 band 1~4 与 band 5，7 的差值，对土壤湿度和植物湿度最为敏感。第 4 个分量较好的突出了图像中的霾信息。

对于 ETM + 图像，取 ETM +1 - 5 波段和第 7 波段进行变换，变换矩阵为：

$$A = \begin{bmatrix} 0.356\,1 & 0.397\,2 & 0.390\,4 & 0.696\,6 & 0.228\,6 & 0.159\,6 \\ -0.334\,4 & -0.354\,4 & -0.455\,6 & 0.696\,6 & -0.024\,2 & -0.263\,0 \\ 0.262\,6 & 0.214\,1 & 0.092\,6 & 0.065\,6 & -0.762\,9 & -0.538\,8 \\ 0.080\,5 & -0.049\,8 & 0.195\,0 & -0.132\,7 & 0.575\,2 & -0.777\,5 \\ -0.725\,2 & -0.020\,2 & 0.668\,3 & 0.063\,1 & -0.149\,4 & -0.027\,4 \\ 0.400\,0 & -0.817\,2 & 0.383\,2 & 0.060\,2 & -0.109\,5 & 0.098\,5 \end{bmatrix} \tag{4-33}$$

变换后的前三个分量有比较明确的物理意义，依次代表亮度、绿度和湿度。

缨帽变换的转换系数对于同一种传感器获取的图像是固定的，独立于单个图像。不同图像产生的土壤亮度和绿度成分可以相互比较。

4.4.2　彩色空间变换

彩色的表示主要有两种方式：一是混色系统，包括红绿蓝(RGB)加色系统(如电视或计算机屏幕等)和黄品青(YMC)减色系统(如绘画、印染、摄影等)；二是显色系统，基于色彩三要素——色调(hue)、明度(intensity)、饱和度(saturation)的 HIS 坐标系统(赵英时，2013)。RGB 系统是从物理的角度描述颜色；HIS 系统从人眼的主观感觉描述颜色。

图像的显示基于混色系统，计算机通过阴极射线管(CRT)显示器显示图像时，图像的色彩是由 RGB 信号的亮度值确定的。但因 RGB 色彩坐标系统中 R、G、B 呈非线性关系，因而使调整色调的定量操作较为困难。

人眼观察图像的色彩成分时，一般不用 RGB 的比例，而是用彩色三要素(HIS)来描述物体对应的色彩、亮度、色彩纯度。HIS 彩色坐标系统对颜色属性易于识别和量化，色彩的调整(数学变换)方便、灵活。

通常，对于图像直接采取三要素操作比采取 RGB 比例调整更容易实现预期视觉效果，而图像的显示则是基于混色系统，这就需要在图像处理前将 RGB 成分转化成 HIS 成分，以便对彩色拉伸提供更多的控制。

两种色彩模型可以相互转换，RGB 系统变换为 HIS 系统称为 HIS 正变换；将标准 RGB 图像有效地分离为代表波谱信息的色调(H)、饱和度(S)和代表空间信息的明度(I)，HIS 系统变换为 RGB 系统称为 HIS 逆变换。变换过程有多种算法，不同软件算法不同，名称也不同，如在 ENVI 软件中，HIS 变换被称为 HLS(hue，saturation，lightness)变换。

HIS 变换的一般处理流程是：

①首先指定 3 个波段图像，分别赋予 RGB 三原色进行色彩合成，生成一幅彩色图像。

②然后进行 RGB 系统向 HIS 系统的色彩空间变换，根据需要分别对 H、I、S 成分进行相应的拉伸、替代等处理。

③最后进行 HIS 逆变换，显示变换后的图像。

目前，HIS 变换已经成为图像色彩增强、图像特征增强、改善图像空间分辨率、镶嵌时的对比度调整、融合分离的数据集等图像处理和分析的一种有效方法，被广泛应用。

(1) 不同分辨率图像的融合

在 HIS 图像变换中，I 成分代表图像的亮度。对不同分辨率图像进行融合处理时，首先将低空间分辨率图像变换到 HIS 色彩空间，将 I 成分用高分辨率图像中的某个波段替换，然后进行色彩逆变换，达到数据融合的目的。

(2) 增强合成图像的饱和度

在其他处理中，对 S 成分拉伸增强。

(3) 通过对强度 I 成分的处理进行图像增强

拉伸、空间滤波、计算等，如对图像中云或雾的去除等。

(4) 多源数据综合显示

将同一地区不同传感器的遥感图像数据分别赋予 HIS 值，然后逆变换做彩色显示，可获得综合的显示效果。

4.4.3　数据融合

图像融合(image fusion)是数据融合的一种，是指将空间或时间上冗余或互补的多源数据，按一定的规则(算法)进行运算处理，获得比任何单一数据更精确、更丰富的信息，生成具有新的空间、波谱和时间特征的合成图像(赵英时，2013)。图像数据融合的主要内容包括：定性和定量数据的融合；不同平台测量的相同分辨率数据的融合；不同分辨率不同平台测量数据的融合。融合后的图像常用于显示、图像解译或图像信息提取。

图像数据融合的目标：

①提高图像的空间分辨能力；实现不同空间分辨率图像的融合。

②增强图像专题特征识别能力。

③提高图像分类精度和应用效果；实现多种来源数据融合。

④提供图像变化检测能力；实现多时相图像数据融合。

⑤替代或修补图像数据的缺陷(如光学和雷达图像的融合去云等)。

图像数据融合是当前处理复杂数据的常用手段，涉及多个领域、多方面的内容，而且要面对庞大的数据量和数据处理工作量，是个很复杂的问题。研究人员要求能从应用的角度熟悉各种传感器对地物特性的不同反映，而且要求研究人员具有相当的数据处理能力，能够通过不同的算法从复杂的数据中提取出所需的信息。

4.4.3.1　融合的层次

图像数据融合可以在 3 个不同层次上进行：

(1) 基于像元(pixel)的数据级融合

数据级融合也称像元级融合，是指直接在采集的原始数据层上进行融合，融合后再进行特征提取和属性判决从而得到目标的类型和类别信息。数据级融合要求输入的数据相互匹配才能达到最佳融合效果。数据匹配包括空间信息匹配和光谱信息匹配两个方面。空间信息匹配要求图像的空间位置、尺寸、像元行列数要一致；光谱信息匹配一般要求图像的成像时间尽可能保持一致，直方图尽可能调整成一致。

数据融合并必须对图像进行几何配准，几何配准时重采样会带入人为误差、运算量大，往往具有一定的盲目性；但是像元级基于原始的图像数据，更多地保留图像原有的真实感，因而被广泛应用。

（2）基于图像特征（feature）的特征级融合

特征级融合是指用不同算法，对各种数据源进行目标识别的特征提取（如边缘、形状、纹理等），之后在特征层上进行融合（如对边缘信息叠加）。对特征属性的判断具有更高的可信性和准确性，数据处理量大大减少。特征提取过程中不可避免出现信息的部分丢失，难以提供细微信息。

（3）决策层（decision level）融合

决策层融合是指在图像理解和图像识别基础上的融合，也就是经"特征提取"和"特征识别"过程后的融合，是直接面向应用的高层次融合。

4.4.3.2　融合的方法

图像数据融合的方法多种多样，大致可归结为色彩相关技术和数学方法（赵英时，2013）。前者包括色彩合成、色彩空间变换等；后者包括加减乘除的算术运算、基于统计的分析方法（如相关分析、最小方差估计、回归分析、主成分分析、滤波等），以及小波分析等非线性方法。图像数据融合的方法也可分为变换域光谱分量替代技术和空间域技术。前者主要运用高分辨率图像替代多光谱图像的某一个光谱分量，如 HIS 色彩变换法、主成分分析法、小波变换法等；后者主要运用低分辨率图像加上高分辨率图像的高频信息，如高通滤波、Brovey 法等。

1）空间域代数运算法

（1）加法运算与乘法运算

其运算公式表示为：

$$加法运算：DN_f = A(W_1 \times DN_a + W_2 \times DN_b) + B \tag{4-34}$$

$$DN_f = A \times DN_a \times DN_b + B \tag{4-35}$$

式中　DN_f——融合图像的数据值；

DN_a，DN_b——输入图像的数据值；

A，B——经验常数；

W_1，W_2——权重系数。

（2）Brovey 法

Brovey 法进行运算时，先对多波段数据进行归一化处理，再乘以高分辨率数据或任一个需要的数据。

其计算公式为：

$$DN_{f1} = \frac{DN_1}{DN_1 + DN_2 + DN_3} \times DN_h \tag{4-36}$$

$$DN_{f2} = \frac{DN_2}{DN_1 + DN_2 + DN_3} \times DN_h \qquad (4\text{-}37)$$

$$DN_{f3} = \frac{DN_3}{DN_1 + DN_2 + DN_3} \times DN_h \qquad (4\text{-}38)$$

式中 DN_{f1}，DN_{f2}，DN_{f3}——多波段图像数据值；

DN_h——高分辨率图像数据值或其他特征图像数据值。

Brovey 变换将标准化后的多光谱图像 3 个波段与高分辨率单波段(或其他特征图像数据值)进行代数运算，可以增加图像的亮度、空间分辨率或其他信息等。

Brovey 法的缺点是仅能处理 3 个波段的光谱图像融合。

(3) SFIM(smoothing filter-based intensity modulation)融合算法

SFIM 融合算法表示为：

$$DN_{\text{SFIM}} = \frac{DN_{\text{low}} \times DN_{\text{h}}}{DN_{\text{mean}}} \qquad (4\text{-}39)$$

式中 DN_{low}——多波段图像数据值；

DN_{h}——高分辨率图像数据值或其他特征图像数据值；

DN_{mean}——高分辨率图像通过均值滤波的模糊图像。

基于平滑滤波的亮度调节算法(SFIM)是通过高分辨率图像与低通滤波平滑或模糊掉原图像的细节后的模糊图像相比，突出高分辨率图像中的纹理和细节信息，再与低分辨率图像相乘，得到融合图像。

2) 变换域替代法

(1) HIS 变换融合法

HIS 变换融合法首先指定 3 个波段图像，并分别赋予 RGB 三原色进行色彩合成，生成彩色合成图像。然后通过变换公式将 RGB 有效分离为代表空间信息的 I 和代表波谱信息的 H 和 S。I 可以用 3 个波段数据集的平均亮度表示，H 可以用主导波长值表示，S 可以用纯度表示。最后将 HIS 三个成分之一被另一个波段图像所替代——可以是综合波段(如第一主成分)或特征波段(如高空间分辨率图像、雷达图像等)，但往往要经过对比度拉伸，以便获得与被替代的图像近乎相同的方差或均值(即两直方图匹配)。大多数情况下是明度 I 成分被更高分辨率的数据替代。替代之后的 HIS 数据再经过 HIS 逆变换返回到 RGB 图像空间生成融合图像。

融合之前，需要将低分辨率图像重采样到高分辨率图像，并使图像的大小和空间投影完全相同。

(2) 主成分变换融合法

在图像数据融合中，主成分分析常用两种方法：一是用高分辨率图像(或另一需要的图像)替代多光谱图像的第一主成分 PC1；二是对所有待融合的多种数据进行主成分分析。前者通过高分辨率图像来提高多光谱图像的空间分辨率，即先将高分辨率图像拉伸到 PC1 的方差和均值，然后替代 PC1，最后再进行逆向主成分变换。第二种方法是对多种数据的所有波段经主成分分析后，将相关特征空间变换为一组互不相关的成分，然后取出前三个主成分进行逆向变换，减少了数据的冗余度和维数，有效保留了输入数据的不同特征。

3) 小波变换融合法

小波变换可将图像在多级尺度上分解为低频分量、水平次高频分量、垂直次高频分量和对角高频分量。其中，图像的概貌主要体现在低频部分，显著细节体现在高频部分（朱文泉，2015）。

对于经小波变换分解的各频谱分量，可以灵活采用不同的融合方案，以非线性的对数映射方式融合不同类型的图像数据，使融合后的数据既保留原高分辨率遥感影像的结构信息，由融合多光谱影像丰富的光谱信息，提高影像的解译能力、分类精度。

融合前，首先对两图像几何配准。配准要点是：

①控制点对的选取应该在两图像的相应波段进行，相似的频谱（灰阶）有利于准确定位。

②配准时应以高分辨率影像为基准。

③对配准后的图像分别进行小波正变换，获得各自的低频图像和高频图像。

④按照一定的融合准则进行替代，如用低分辨率图像的低频图像（含丰富的波谱信息）替代高分辨率图像的低频图像，或用高分辨率图像的高频图像替代低分辨率图像的高频部分等。

⑤用替换后图像进行小波逆变换得到融合结果图像。

在 ENVI、ERDAS 等遥感图像处理专业软件中都有基于小波变换的融合功能。还有 Bayes 估计、Markov 理论、神经网络、模糊集理论、统计决策等多种方法用于图像融合中，在此不逐一而论。

4.4.3.3 融合效果评价

图像融合数据来源多种、方法多样，融合效果也是各异。目前，一般通过多种统计分析方法来评判融合图像的质量。

(1) 基于信息量的评价

图像的信息量可以从 4 个方面来衡量：图像本身所包含的信息量，用熵与联合熵来评定；图像在波段之间的信息冗余，由原图像信息量与 PC，变换后的信息量的差值计算获得；图像在空间上的信息冗余，通过比较原图像与其差分图像（即每个像元灰度值分别减去其相邻像元灰度值）信息量的计算获得；传感器在信息的产生、转换、传输、存储过程中的总效率，等于图像每个波段的信息量与图像灰度值的量化级之比。

增加有效信息量是图像融合的目的之一，因此，融合后图像的信息量评价是一个重要的评价方面。

熵是衡量信息丰富程度的一个重要指标，一般可选用对融合前后图像求熵和联合熵的方法，来求算信息量的大小。

根据香农（Shannon）信息论的原理，一幅 8bit 表示的图像 x 的熵为：

$$H(x) = -\sum_{i=0}^{255} P_i \log_2 P_i \tag{4-40}$$

式中 x——输入的图像数据；

P_i——图像像元灰度值为 i 的分布概率。

同理，2~4 个波段图像的联合熵为：

$$H(x_1, x_2, x_3, x_4) = - \sum_{i_1, i_2, i_3, i_4 = 0}^{255} P_{i_1, i_2, i_3, i_4} \log_2 P_{i_1, i_2, i_3, i_4} \tag{4-41}$$

式中　P_{i_1, i_2, i_3, i_4}——图像 x_1 像元灰度值为 i_1、图像 x_2 像元灰度值为 i_2、图像 x_3 像元灰度值为 i_3、图像 x_4 像元灰度值为 i_4 的联合概率。

(2) 基于清晰度的评价

影像清晰度是指影像的边界或线的两侧附近灰度有明显差异，即灰度变化率大。边缘信息是图像的高频信息，反映图像的细节，边缘越明显，图像的清晰度越高，图像质量越好。

影像清晰度可用梯度和平均梯度来衡量：

$$\bar{g} = \frac{1}{(M-1)(N-1)} \sum_{i=1}^{M-1} \sum_{j=1}^{N-1} \sqrt{[D(i,j) - D(i+1,j)]^2 + [D(i,j) - D(i,j+1)]^2}$$

$$\tag{4-42}$$

式中　$D(i,j)$——遥感图像在第 i 行、第 j 列上的灰度值；

　　　M、N——分别为遥感图像的总行、列数。

一般来说，$\bar{g}$ 越大，图像越清晰。影像清晰度也可采用空间频率来描述：

$$SF = \sqrt{(RF)^2 + (CF)^2} \tag{4-43}$$

式中　RF, CF——分别为行、列频率，其计算公式分别为：

$$RF = \sqrt{\frac{1}{MN} \sum_{i=0}^{M-1} \sum_{j=1}^{N-1} [D(i,j) - D(i,j-1)]^2} \tag{4-44}$$

$$CF = \sqrt{\frac{1}{MN} \sum_{j=0}^{N-1} \sum_{i=1}^{M-1} [D(i,j) - D(i-1,j)]^2} \tag{4-45}$$

空间频率越高，边缘越明显，图像的清晰度越高。

影像的清晰度还可以通过图像的对比度(反差)来表示。标准差可以用于评价图像的反差。标准差小，反差小，对比度低，则影像色调较单一，清晰度不高，信息量较少。

(3) 基于逼真度的评价

逼真度是指融合图像与原始图像的偏离程度，常用归一化均方根误差值或均值、方差、相关系数、相对偏差等来表达。

归一化均方根误差值 S 表达式为：

$$S = \frac{\sqrt{\sum_{i=1}^{M} \sum_{j=1}^{N} [R(i,j) - F(i,j)]^2}}{\sum_{i=1}^{M} \sum_{j=1}^{N} [R(i,j)]^2} \tag{4-46}$$

相关系数 r 表达式为：

$$r = \frac{\sum_{i=0}^{M-1} \sum_{j=0}^{N-1} \left\{ [R(i,j) - e_R][F(i,j) - e_F] \right\}}{\sum_{i=0}^{M-1} \sum_{j=0}^{N-1} \left\{ [R(i,j) - e_R]^2 \right\} \times \sum_{i=0}^{M-1} \sum_{j=0}^{N-1} \left\{ [F(i,j) - e_F]^2 \right\}} \tag{4-47}$$

式中　$R(i, j)$，$F(i, j)$——分别为原始图像与融合图像在第 i 行、第 j 列上的灰度值；

　　　e_R，e_F——分别为原始图像与融合图像的均值；

　　　M，N——分别为图像的总行、列数。

一般说来，归一化均方根误差值 S 越小，相对偏差越小，两个图像的偏离程度越小；相关系数越大，相对偏差越小，两个图像的偏离程度越小。

除了用量化指标评价，还需要进行定性的视觉效果评价，从色调是否协调、色彩表现是否充分、图像的清晰度如何、是否有重影等方面做出主观的评价。

思考题

1. 遥感图像增强的目的是什么？列举五种图像增强的方法。

2. 对比度增强是如何进行的？

3. 对比度增强的效果如何判断？

4. 阐述简单线性变换和分段线性变换的异同。

5. 高通滤波和低通滤波各有什么效果？如何实现？

6. 用拉普拉斯算法提取下示数字图像的边缘，并对结果做简要分析(要求：写出简要计算步骤和计算第一个像元的具体过程及新的图像，并分析)。

拉普拉斯算法模板：

$$t(m, n) = \begin{bmatrix} 0 & 1 & 0 \\ 1 & -4 & 1 \\ 0 & 1 & 0 \end{bmatrix}$$

需要处理的数字图像：

2	2	16	10	10
2	2	16	10	10
2	2	16	16	16
2	2	2	2	2
2	2	2	2	2

7. 根据典型地物电磁波反射特性，说明为什么归一化植被指数($NDVI$)能够突出反映植被的长势特征。

8. 频率域滤波的基本工作流程是怎样的？

9. 主成分变换的基本性质是什么？

10. 缨帽变换的特点是什么？

11. 彩色空间变换的含义是什么？

12. 如何评价图像融合的效果？

第**5**章

遥感图像分类

利用遥感图像进行分类是以识别图像中所含的多个目标物为目的，对每个像元或比较匀质的像元组给出对应特征的名称。遥感图像分类通常以计算机处理的数学方法为基础。

5.1　遥感图像分类的基本原理

遥感图像分类通常使用光谱模式完成，即把具有类似光谱反射或辐射组合的像元按类别分组，并不考虑分类像元的邻域或周围情况，这种分类称为光谱模式识别。该识别模式主要对像元级数据进行分类，基于统计或决策模式利用多个数据层(光谱波段、极化波段、时间波段等)对某一个像元的值进行分类。在历史上，光谱方法已成为多光谱分类的主要手段。

空间模式识别是另一种遥感图像分类方法，该识别模式根据某个像元及其周围像元的空间关系分类，考虑图像的结构、像元的接近度、特征的大小、形状、方向性、重复度和环境等，试图重复目视解译过程中由人工分析得到的空间综合。

面向对象的图像分析综合利用了光谱模式识别和空间模式识别。图像分类问题不存在某种唯一"正确"的方法，而应针对数据的性质、应用目的等采用特定的分类方法。

5.1.1　基本原理

遥感图像分类的理论依据是：遥感图像中同类地物在相同条件下(地形、光照以及植被覆盖等)应具有相同或相似的光谱信息特征和空间信息特征。因此，理想情况下，同类地物像元的特征向量将集群在同一特征空间区域，而不同的地物由于光谱信息特征或空间信息特征的不同，将集群在不同的特征空间区域，一个点群相当于一个类别(图 5-1)。

计算机分类就是要分析特征空间点群的特点，如点群位置、分布中心、分布规律，从而确定点群的界限，最终完成分类任务。

用统计学概念表述，点群的中心是这一地物类别像元特征值的均值向量。点群的范围是这一地物类别像元特征值的标准差向量(或用协方差矩阵表示)，它反映了点群的离散程度。

多光谱图像的每个像元可用特征空间的一个点表示，在特征空间中，由于"同类相近，异类相离"的规律，像元集聚成不同的点群，如下图中的 A 和 B，如果找到 A 和 B 的分界线，就可以区分两类地物。

在二维特征空间中，分界线可以是直线或曲线，表达式为：

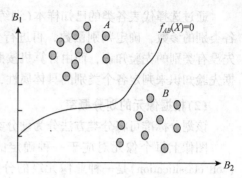

$$f_{AB}(X) = 0 \qquad (5\text{-}1)$$

方程 $f_{AB}(X) = 0$ 称为判别界线（decision bounda-ry），$f_{AB}(X)$ 称为判别函数（decision function）。

从图 5-1 可以看出：

图 5-1　特征空间及判别界线

当 $f_{AB}(X) > 0$ 时，$X \in A$；

当 $f_{AB}(X) < 0$ 时，$X \in B$。

这就是确定未知类别像元所属类别的判别准则（decision criteria）。

遥感图像分类算法的核心就是确定判别函数和相应的判别准则。

5.1.2　图像分类相关概念

(1) 特征

在统计学中，特征和变量是同一概念，所以又可称为特征变量。对图像而言，特征是图像在每个波段上的灰度值和其他处理后的信息。各个特征具有相同的样本/像元数。

(2) 特征向量

像元在每个特征上的灰度值构成特征向量 $X = (x_1, x_2, \cdots, x_n)^T$。

(3) 特征空间

包含特征向量 X 的 n 维空间称为特征空间，多光谱图像上的每个像元对应于特征空间中的一个点。

(4) 判别函数

在特征空间中不同点群的分界线的函数表达式。

(5) 判别准则

判别特征矢量属于某类的依据。

(6) 模式

常把遥感图像中某一类地物称为模式。

(7) 样本

属于某一类模式的像元称为样本，$X = (x_1, x_2, \cdots, x_n)^T$ 可以称为样本的观测值。

5.1.3　图像分类的方法

按照不同的划分标准，遥感图像的分类方法有不同的类型：

(1) 根据分类过程中先验知识参与的先后顺序

该划分标准可将分类方法分为监督分类和非监督分类。

通过选择代表各类的已知样本(训练区)的像元光谱特征(类别的先验知识)事先取得各类别的参数,确定判别函数,再进行分类,称为监督分类(supervised classification);事先没有类别的先验知识,而由计算机按照特征相似性对所有像元自动判别归类,之后再根据先验知识来判定各个类别的具体属性,则称为非监督分类(unsupervised classification)。

(2)根据像元的划分概率

该划分标准可将分类方法分为硬分类和软分类。

图像上每个像元对应于一种确定的类别,称为硬分类(hard classification);软分类(soft classification)是一种亚像元级的分类,输出结果是各个类别在一个像元中所占的比例,即一个像元对应若干个类别,多用于高光谱数据。

(3)根据分类是否基于数据的统计特征

该划分标准可将分类方法分为统计分类和决策树分类。

分类过程基于分类数据的统计特征(如均值、方差等),则为统计分类;分类过程基于相关要素的判断规则,则为决策树分类。非监督分类和监督分类中的一些常见方法都属于统计分类,如 K-means 算法、最大似然法、最小距离法等;而决策树分类则属于一种特殊的监督分类方法。

(4)根据分类对象是否是像元

该划分标准可将分类方法分为逐像元分类和面向对象的分类。

逐像元分类是指以像元为单位的直接分类,而通过图像分割将多个像元组合成对象(整体单元),再对对象进行分类的方法称为面向对象的分类。

5.1.4　图像分类的基本过程

(1)分类预处理

分类前一般需要对原始图像进行辐射校正,去除大气散射的影响。常用的预处理环节还包括几何校正、图像裁剪等。

(2)特征选择

寻找最优特征,实现最大可分性。

(3)确定分类体系

根据应用目的及图像数据的特征制定分类系统,确定分类类别,建立解译标志。

(4)选定分类方法

根据特征图像与分类对象的实际情况选择适当的分类方法对遥感图像进行分类。

(5)分类后处理

输出分类图可能会出现成片的地物类别中有零星异类像元散落分布情况,需要进行必要的合并和筛除(过滤),去除孤立的离散点(类别噪声),使得分类结果更加合乎实际情况。

(6)分类精度检查

把已知的训练数据及分类类别与分类结果进行比较,确认分类的精度及可靠性。如精度不满足要求，分析原因，调整分类方法或训练样本，重新分类，直到分类精度满足要求。

5.1.5　图像分类特征的选择

分类处理过程中，一个重要环节就是图像分类特征提取和选择。在许多情况下，同类地物会具有不同的光谱特征，如土地利用分类中耕地会由于耕种方式和种植作物不同而具有明显的光谱差异，这种现象称为同物异谱。另一种情况是不同的地物可能具有相似的光谱特征，例如，不同的绿色植物具有十分相似的光谱特征，这种现象称为同谱异物。

通常基于光谱特征形成的类别称为光谱类别，而根据实际需要待分的类别则称为信息类别。同物异谱和同谱异物现象的存在会导致信息类别和光谱类别不对应，从而降低了计算机分类的精度。因而，在分类之前常常要对原始图像进行变换处理（如 K-L 变换、K-T 变换等），这一过程称为特征变换。通过特征变换找出最能反映地物类别差异的特征变量参加分类，这一过程称为特征提取。

图像分类特征的选择需要明确以下几点：

①特征变量可以是多光谱遥感图像各个波段的像元值，也可以是原图像经过运算处理（如四则运算处理、主成分变换及缨帽变换等）后的变量值，与遥感图像相匹配的非遥感变量（如坡度、高程等）也可作为特征变量。

②为了减少数据的冗余，并提高分类的准确性，需要对各种特征变量进行选择。

③图像分类特征的选择需要根据待区分对象的特征进行反复的实验。比如植被分类可采用绿度、植被指数，也可以采用 K-T 变换后的绿度与亮度分量等。

良好的图像分类特征具有 4 个特点：

①可分性：不同类别有明显差异。

②可靠性：对同类对象，特征值比较相近。

③独立性：各特征之间彼此不相关。

④数量少：在实践中，往往需要反复试验，确定数量较少的最优特征。

特征选择的常用原则：

①方差大：一般认为，方差越大，提供的信息量越大。

②相关性小：特征之间的相关性应该比较小。

最佳指数（optimum index factor, OIF）法综合考虑了特征的方差和相关性，公式如下：

$$OIF = \frac{\sum\limits_{i=1}^{p} \sigma_i}{\sum\limits_{i=1}^{p-1} \sum\limits_{j=i+1}^{p} |r_{ij}|} \tag{5-2}$$

式中　σ_i——第 i 个波段的标准差，取值越大，信息量越大；

r_{ij}——第 i 个波段与第 j 个波段之间的相关系数，取值越小，两个波段之间的独立性越强。

OIF 值越大，波段组合越优。

5.1.6　类别统计特征的测定

在监督分类中可选择具有代表性的训练场地进行采样，测定特征；非监督分类中，可用聚类方法对特征相似的像元进行归类，测定其特征。

对中等分辨率图像而言，主要是计算和统计空间和波谱两方面的信息。统计的内容包括：均值、方差、灰度比值、纹理强度、密度、信息熵等。

针对高分辨率卫星影像(如 QuickBird 等)，更多的是利用图像的几何信息和结构信息。统计的内容还包括各个分类对象的光谱特征、形状特征(面积、长度、宽、形状因子、主方向、对称性、位置、曲率等)、纹理特征(包括方差、面积、密度、对称性、主方向的均值和方差等)和相邻关系特征。

5.1.7　样本间相似性的度量

由于聚类是根据样本之间的相似性进行分类，因此，如何度量样本之间的相似性是聚类的核心问题，不同的相似性度量方法将得到不同的聚类结果。

描述样本之间相似性的方法有两种，其一是度量样本之间的差异程度(如各种距离)，表征差异程度的指标值越大，相似程度越低；其二是度量样本之间的相似程度(如相似系数、相关系数)，表征相似程度的指标值越大，相似程度越高。

(1) 明氏距离(Minkowski)

明氏距离是常用简单的距离计算方法，通用表达式为：

$$d_{ik}(q) = \left[\sum_{j=1}^{n} \left| x_{ij} - M_{kj} \right|^{q} \right]^{1/q} \tag{5-3}$$

式中　d_{ik}——像元 i 到类别 k 的距离，n 为特征数；

$\quad\quad x_{ij}$——像元 i 的第 j 个特征值；

$\quad\quad M_{kj}$——类别 k 的第 j 个特征的均值；

$\quad\quad q$——参数。当 $q=1$ 时，称为绝对距离；当 $q=2$ 时，称为欧氏距离。

(2) 马氏距离(Mahalanobis)

马氏距离是一种加权的欧氏距离，通过协方差矩阵来考虑变量的相关性，其表达式为：

$$d_{ik} = (x_{ij} - M_{kj})^{\mathrm{T}} \sum_{ik}^{-1} (x_{ij} - M_{kj}) \tag{5-4}$$

式中　$\sum_{ik}$——协方差矩阵，当 $\sum_{ik} = I$(单位矩阵)时，马氏距离即为欧氏距离。

(3) 相似系数

相似系数又称为余弦距离，两个像元光谱角的余弦值越接近 1，两个像元相似程度越高，其数学表达式为：

$$cos\alpha = \frac{\sum XY}{\sqrt{\sum (X)^2 \sum (Y)^2}} \tag{5-5}$$

式中　α——图像像元光谱与参照光谱之间的夹角(光谱角)；

$\quad\quad X$——图像像元光谱曲线向量；

　　　　Y——参考光谱曲线向量。

　　当 $\cos\alpha$ 的值接近 1 时有最佳的估计光谱值和分类结果。

(4)相关系数

相关系数指像元间的关联程度，相关系数值越大(越接近 1)，像元间的相似程度越高，其表达式为：

$$\gamma_{ik} = \frac{\sum_{j=1}^{n}(x_{ij} - \bar{x}_i)(x_{kj} - \bar{x}_k)}{\sqrt{\sum_{j=1}^{n}(x_{ij} - \bar{x}_i)^2}\sqrt{\sum_{j=1}^{n}(x_{kj} - \bar{x}_k)^2}} \tag{5-6}$$

式中　x_{ij}，x_{kj}——分别像元 i 和 k 的第 j 个分量；

　　　　$\bar{x}_i$，$\bar{x}_k$——均值。

5.2　非监督分类

　　遥感影像的非监督分类也称为聚类，是在没有类别先验知识的情况下将所有样本划分为若干类别的图像分类方法。该分类方法事先没有类别的先验知识，仅根据地物光谱特征的相关性或相似性来进行分类，再根据实地调查数据比较后确定其类别属性。

　　非监督分类根据图像数据本身的统计特征及点群的分布情况，从纯统计学的角度对图像数据进行类别划分，不需要训练样本，通过统计方法提取各类的特征值并迭代更新，是一种自我训练的分类。

　　非监督分类的理论依据是遥感图像上的同类地物在相同的条件下，一般具有相同或相近的光谱特征，从而表现出某种内在的相似性，归属于同一个光谱空间区域；而不同的地物，光谱特征不同，归属于不同的光谱空间区域。

　　非监督分类的数学基础是聚类算法，聚类根据的是图像像元特征向量之间的相似性，把一组像素按照相似性分为若干类，目的是使同一类别的像素之间的距离缩小，而不同类别的像素之间的距离拉大。

　　非监督分类的结果仅区分了存在的差异，而不能确定类别的属性。类别的属性需要通过目视判读或实地调查后才能确定。

5.2.1　判别函数及判别准则

　　以每个像元点与点群中心的相似程度作为判别函数。对于光谱特征空间中的任一点 k，计算它与各类中心点的相似程度 L。判别准则是：若 $L_{ki} > L_{kj}$，$i \neq j$，则 k 像元属于 i 类而不属于 j 类。

5.2.2　非监督分类的主要过程

　　①确定初始类别参数，即确定最初类别数和类别中心。

　　②计算每一个像元所对应的特征向量与各点群中心的相似程度。

　　③选取与像元相似程度最高的类别作为像元的所属类别。

④计算新的类别均值向量。

⑤比较新的类别均值与初始类别均值,如果发生了变化,则以新的类别均值作为聚类中心,再返回第②步开始进行迭代。

⑥如果点群中心不再变化,计算停止。

需要强调的是,非监督分类是单纯基于地物光谱特征的计算机分类,得出的结果基本属于光谱类别(基于光谱特征形成的类别),因此,还需要对分类结果进行归并,对错误分类的像元进行改正,以期得到理想的信息类别(根据实际需要待分的类别)。

5.2.3 非监督分类算法

非监督分类主要采用聚类分析方法,构建一个统计模型,根据一定的统计量,按彼此相似性或亲疏程度形成若干类别。

K-均值聚类和迭代式自组织数据分析算法(iterative self-organizing data analysis technique, ISO-DATA)是非监督分类算法中效果较好、使用最多的两种方法。

(1)K-均值聚类

K-均值聚类是根据给定的初始类别数量(用户定义),对每一个初始类别任意给定一个原始的均值矢量(种子),根据此均值,对所有像元进行归类(将像元归入与均值最相似的类);然后再对第一次归类结果中的每一类求均值,并按新均值对像元进行重新分类(将像元归入与均值最相似的类),对新生成的类再迭代执行前面的步骤,直到类内距离收敛(用户定义)(两次迭代之间像元的分配没有显著变化)或达到规定迭代次数(用户定义)。

K-均值聚类算法的聚类准则是使每个分类别中的像元点到该类别中心的距离的平方和最小。其基本思想是通过迭代逐次移动各类的中心,直到满足收敛条件为止。

具体实例计算如下:

假定要利用两个波段 B1,B2 数据将 4 个像元 A、B、C、D 分成两类。4 个像元在两个波段上的值见表5-1:

表5-1　利用两个波段数据对4个像元分类(一)

像元	波段 B1	波段 B2
A	7	3
B	−1	1
C	1	−3
D	−3	−1

首先,将 4 个像元随意分成两个类,如(AB)和(CD),然后计算两个类的中心(均值)坐标(表5-2):

表5-2　利用两个波段数据对4个像元分类(二)

类	类中心坐标	
	波段 B1	波段 B2
AB	$[7+(-1)]/2=3$	$(3+1)/2=2$
CD	$[1+(-3)]/2=-1$	$[-3+(-1)]/2=-2$

分别计算每一个像元到每一个类别中心的欧氏距离：

$$d^2[A,(AB)]=(7-3)^2+(3-2)^2=17$$

$$d^2[A,(CD)]=(7+1)^2+(3+2)^2=89$$

$$d^2[B,(AB)]=(-1-3)^2+(1-2)^2=17$$

$$d^2[B,(CD)]=(-1+1)^2+(1+2)^2=9$$

$$d^2[C,(AB)]=(1-3)^2+(-3-2)^2=29$$

$$d^2[C,(CD)]=(1+1)^2+(-3+2)^2=5$$

$$d^2[D,(AB)]=(-3-3)^2+(-1-2)^2=45$$

$$d^2[D,(CD)]=(-3+1)^2+(-1+2)^2=5$$

根据计算结果对像元重新归类：

$$A\in(A)；BCD\in(BCD)$$

然后再计算新的类别中心的坐标（表 5-3）：

表 5-3　利用两个波段数据对 4 个像元分类（三）

类	类中心坐标	
	波段 B1	波段 B2
(A)	7	3
(BCD)	[1+1+(-3)]/3 = -1	[1+(-1)+(-3)]/3 = -1

再分别计算每一个像元到每一个新的类别中心的欧氏距离（表 5-4）：

表 5-4　利用两个波段数据对 4 个像元分类（四）

类	像元到类别中心的欧氏距离			
	A	B	C	D
A	0	80	117	116
BCD	80	4	20	4

由表 5-4 可以看出：每个像元已被归到距离最近的类别，分类结束，最终得到的结果是：

$$A\in(A)；BCD\in(BCD)$$

K-均值法的优点是实现简单，缺点是在迭代过程中没有调整类数的措施，产生的结果受所选聚类中心的数目、初始位置、类分布的几何性质和读入次序等因素影响较大。

（2）迭代式自组织数据分析算法（ISO-DATA 法）

迭代式自组织数据分析算法是 K-均值算法的常用修正法。在该算法中，如果两个类别的差别小于给定阈值，则这两个类别就合并成一类；如果一个类别的方差大于设定的最大类内方差，则该类别就分成两个类别。人工设定的参数比 K-均值聚类要多。

ISO-DATA 法与 K-均值法有两点不同：第一，它不是每调整一个样本的类别就重新计算一次各类样本的均值，而是在把所有样本都调整完毕之后才重新计算；第二，ISO-DATA 法不仅可以调整样本所属类别完成样本的聚类分析，而且可以自动地进行类别"合并"和"分裂"，从而得到类数比较合理的聚类结果。

5.3　监督分类

遥感影像的监督分类是在已知类别的训练场地上提取各类别训练样本，通过选择特征变量、确定判别函数或判别式把影像中的各个像元点划归到各个给定类的图像分类方法。它的基本思想是：首先根据类别的先验知识确定判别函数和相应的判别准则，利用一定数量已知类别样本的观测值确定判别函数中的待定参数，然后将未知类别的样本观测值代入判别函数，最后根据判别准则对该样本的所属类别作出判定。

5.3.1　判别函数及判别准则

判别函数可以是线性的也可以是非线性的。遥感影像分类中常用的有最小距离分类器（minimum distance classifier）。

最小距离分离器是以最小距离为标准进行分类最直观的思路。其判别规则是：

若

$$D(X, Z_j) = \min_k D(X, Z_k) \qquad (k = 1, 2, \cdots, M) \qquad (5-7)$$

则

$$X \in \omega_j$$

式中　$D(X, Z_k)$——未知类别像元 X 至 Z_k 的欧氏距离；

　　　　Z_k——ω_k 类的平均位置，也称为类中心。

式(5-7)的含义是：如果像元 X 到第 j 类的距离最近，则像元 X 归为第 j 类。

最小距离判别类似于非监督分类的聚类方法，以像元点与均值点在特征空间中的距离为主要判别依据。不同的是，最小距离判别是在有先验知识的前提下进行，并采用特征空间中训练样本的均值点位置作为聚类中心。

监督分类的判别准则还有 Fisher 线性判别准则、Bayes 准则（最大似然判别准则）等。

5.3.2　监督分类的主要过程

监督分类的主要过程是：首先根据已知样本类别和类别的先验知识确定判别准则，计算判别函数，然后将未知类别的样本值代入判别函数，依据判别准则对该样本所属的类别进行判定。

监督分类可分为两个基本步骤：

①选择训练样本和提取统计信息；

②选择合适的分类算法。

5.3.3　训练样本的选择和提取统计信息

选择训练样本是监督分类的关键，选择训练样本的质量关系到分类是否能取得良好的效果。

训练样本的选择需要分析者了解分类图像所在的区域，进行过初步的野外调查或研究过有关图件和高精度的航空照片。

（1）训练样本的来源

①实地收集：通过 GPS 定位实地记录的样本。

②屏幕选择：通过参考其他图或根据分析者对区域的了解，在屏幕上数字化每一类别代表性的像元或区域；也可由用户指定一个中心像元，计算机自动评价其周边像元，选择与其相似的像元。

（2）训练样本选取的要点

选择的训练样本应能准确地代表整个区域内每个类别的光谱特征。

①训练样本的种类上要与待分区域的类别一致。

②选择样本像元应具有代表性，即训练样本的统计特征量必须与该类型总体统计特征量接近。样本应在各类目标地物面积较大的中心选取代表性的像元或区域，不能选择类别之间的边界像元或混合像元。

③每个类别的样本需要具有同质性，同时也要求具有一定的方差范围。

④样本的数目应能够提供各类足够的信息，能够克服各种偶然因素的影响，要满足建立分类用判别函数的要求。样本数目与所采用的分类方法、特征空间的维数、各类的大小与分布有关，如最大似然法的训练样本个数至少要 $n+1$ 个（n 是特征空间维数）。作为一个普遍的规则，每一类别应至少具有 $10n$ 个训练样本，才能满足某些分类算法中计算方差及协方差矩阵的要求。

⑤分布在不同位置的同类地物由于自然、社会等因素的影响，光谱特性往往会有些差异，样本像元的选择应尽可能与该地类分布相一致，应避免样本的选择集中在局部。

（3）训练样本的评价

计算各类别训练样本的基本光谱特征信息，通过每个类别样本的基本统计值（如均值、标准方差、最大值、最小值、方差、协方差矩阵、相关矩阵等）检查训练样本的代表性、评价训练样本的好坏。

评价方法一般有图表显示和统计测量。

①图表显示：该评价方法是将训练样本的均值、方差等基本统计值绘成线图、直方图、散度图等，目测评价各类别训练样本的分布、离散度和相关性。

直方图可以显示不同样本的亮度值分布，通常训练样本的亮度值越集中，其代表性越好。由于多数参数分类器都假设正态分布，因此，每类训练样本在每个波段的直方图应该趋于正态分布，只能有一个峰值。当其直方图有两个峰值时，则说明所选的训练样本中包含两种不同的类别，需要重新选择训练样本或对所选的训练样本重新赋予类别。同时，显示不同类别的样本在同一波段上的直方图可以检查各样本之间的分散性，如果互相重叠，则说明所选类别难以区分。

特征空间二维图是另一种广泛用于评价训练样本的方法。相关波谱的椭圆形图是在二维特征空间内基于训练样本在每个波段的均值和方差绘制的，这些椭圆的重叠程度反映了类别之间的相似性。重叠程度越大，说明两个类别越难以区分。

②统计测量：该评价方法是利用统计方法来定量评价训练样本之间的分离度，具体有可能性矩阵及类别分离性统计。类别之间的统计距离是基于欧氏光谱距离、Jeffries- Matusta 距

离、分离度和转换分离度等各种参数计算的。

5.3.4　监督分类的主要算法

监督分类有多种算法，常用的有：

(1) 平行管道法(multi-level slice classifier)

平行管道法又称为盒式分类器、分级分片算法或等级分割分类器、箱形或平行六面体分类器等，是所有分类算法中最简单的一种。

平行管道法是通过设定在各轴上的一系列分割点，将多维特征划分成为分别对应不同分类类别的互不重叠的特征子空间的分类方法。这种方法要求通过选取训练区，详细了解分类类别(总体)的特征，并以较高的精度设定每个分类类别光谱特征的上限值和下限值，以便构成特征子空间。对于一个未知类别的像素来说，它的分类取决于它落入哪个类别特征子空间中。

在使用简单的分类规则进行多光谱遥感图像的分类时，决策线是在 n 维光谱空间中的一个平行管道。管道的直径由距离平均值的标准差确定。如果某个像元落在某一类的平等管道的阈值范围内，则划分到该类别中。

平行管道法根据训练样本的亮度值范围形成一个多维数据空间，在二维情况下，各类训练样本的特征向量产生各自的矩形；在三维情况下，产生真正的盒子；在多维情况下，产生多维的盒子。每个盒子为一类，盒子的中心是训练样本类的均值向量，盒子的边界可以用最大值、最小值来确定，也可以用平均值和标准方差来确定。待分类的像元落在哪个盒子就属于哪类。同时落到两个或两个以上盒子内的像元，规定分类结果为最小的盒子所属的类或最后一个盒子所属的类(与软件系统有关)，落到所有盒子之外的像元被标识为"未分类"。

平行六面体是指盒子的各个面不是矩形，而是平行四边形，分类原则与盒式分类器的原则相同，更适合高维遥感图像。

设 N_C 类遥感图像波段的均值分别为 m_i(波段 $i=1,2,\cdots,p$)，标准差为 S_i。对于 i 波段的像元值 x_i，进行如下的比较：

$$|x_i - m_{ij}| < T \cdot S_{ij} \qquad (j=1,\cdots,N_C) \tag{5-8}$$

式中　N_C——总的类别数；

　　　m_{ij}——第 j 类在 i 波段的均值；

　　　S_{ij}——第 j 类在 i 波段的标准差；

　　　T——阈值，相当于采用 T 倍的标准差作为可信的分类边界，T 越大则类的范围越大。

如果满足条件，则将当前像元归为 j 类。

这种方法的优点是分类标准简单，计算速度快，能将大多数像元划分到某个类别。缺点是当类别较多时，各类别所定义的区域容易重叠；而且由于存在样本选择误差，训练样本的亮度范围可能大大低于其实际的亮度范围，从而造成很多像元不属于任何一类。

(2) 最小距离法(minimum distance classifier)

最小距离法是用特征空间中的距离(指像元光谱矢量到类别平均光谱矢量的距离)表示

像元数据和分类类别特征的相似程度,在距离最小(相似度最大)的类别上对像元数据进行分类的方法。

用公式表示为:

$$d_i = \min_j d_{xj} \qquad (j = 1, 2, \cdots, m) \tag{5-9}$$

式中 j——类别序号;

d_{xj}——待分类像元 x 到类 j 中心的距离。

公式的含义是将 x 像元归类到距离最小的类别中去。

最小距离法利用训练样本中各类别在各波段的均值,根据各像元离训练样本平均值距离的大小来决定其类别,像元距哪类的距离最小就判归哪类。距离的计算常用欧氏距离和马氏距离。

最小距离法与非监督分类法在统计量和分类原理上是一致的。不同的是,监督分类是通过事先训练样本的方式确定类别数和类别中心,然后再进行分类。

最小距离法的优点是方法简单,原理直观,易于理解;缺点是没有考虑不同类别内部方差的差异,从而造成一些类别在其边界上的重叠,引起分类误差。

(3)最大似然法(maximum likelihood classifier)

最大似然法是基于贝叶斯准则的分类错误概率最小的一种分类,是应用比较广泛、比较成熟的一种方法。

最大似然法通过计算每个像元属于各个类别的概率(又称后验概率、似然度 likelihood),把像元分到似然度最大的类别中。

其计算公式表示为:

$$g_i(x) = P(\omega_i/x) \tag{5-10}$$

式中 $g_i(x)$——判别函数;

$P(\omega_i/x)$——像元 x 出现在 ω_i 类的最大概率,又称为后验概率。

平行算法和最小距离法都没有考虑到各类别在不同波段上的内部方差,以及不同类别的直方图重叠部分的频率分布。假设像元亮度值落在两类的重叠区内,按照平行算法或最小距离法,则很难分类。最大似然法可以同时定量地考虑两个以上的波段,类别计算量较大,同时对不同类别的方差变化比较敏感。

最大似然法要求有足够多的训练样本来计算判别函数的系数,一般训练样本数量应至少是特征向量数的 10 倍,100 倍数量的训练样本数在实际中才是比较合理的。

在有足够多的训练样本、一定的类别先验概率分布知识,且数据接近正态分布的条件下,最大似然法被认为是精度最高的分类方法。而当总体分布不符合正态分布时,不适于采用以正态分布假设为基础的最大似然法,其分类精度将会下降。

5.4 非监督分类和监督分类的比较

5.4.1 监督分类的优缺点

(1)监督分类的优点

①根据应用目的、区域特性及图像特征,有选择地决定分类类别,避免出现一些不必

要的类别；

②可控制训练样本的选择；

③可通过检查训练样本来避免分类中的严重错误；

④避免对光谱集群组的重新归类。

（2）监督分类的缺点

①分类系统的确定、训练样本的选择，高度依赖于分析者的专业知识、经验及对区域的了解程度，主观性强；

②"同物异谱"现象的存在可能造成训练样本代表性差；

③训练样本的选取和评估需花费较多的人力和时间。

5.4.2 非监督分类的优缺点

（1）非监督分类的优点

①不需要人工选取训练区，操作简便；

②不需要分析者具备相关的先验知识；

③由于只需要定义少量参数，人为误差的机会减少。

（2）非监督分类的缺点

分析者较难对产生的类别进行控制，因此分类产生的光谱类别并不一定对应于分析者想要的类别。

5.4.3 监督分类和非监督分类的混合训练

由于遥感数据的数据量大、类别多以及同物异谱和同谱异物现象的存在，用单一的分类方法对影像进行分类其精确度往往不能满足应用的目的要求。实际中可采用监督分类和非监督分类相结合的方法对影像进行分类。首先，使用非监督分类对图像进行处理，利用得到的聚类对训练区进行处理，得到一幅未标注信息类别的聚类图。一般情况下，使用大量的聚类能保证数据具有足够的代表性。然后，分析人员利用土地调查数据、航空相片或其他参考数据对地图进行评估，并对每个光谱类别指定相应的信息类别。在此过程中，一些类别可能被分裂或合并，此时必须根据情况做出相应的调整。最后，利用这些聚类信息对图像进行监督分类得到最终的专题地图。

也可以用非监督分类法如 K-Means 聚类和 ISO-DATA 聚类将遥感图像概略地划分为几个大类，再用监督分类法对第一步已分出的各个大类进行细分，直到满足要求为止。

监督分类与非监督分类复合分类方法，改变了传统的单一的分类方法对影像进行分类的弊端，弥补了其不足，为影像分类开辟了广阔前景。

遥感影像的监督分类和非监督分类方法，是影像分类的最基本、最概括的两种方法。传统的监督分类和非监督分类方法虽然各有优势，但是也都存在一定的不足，如 K-Means 聚类分类精度低，分类精度依赖于初始聚类中心；最大似然法计算强度大，且要求数据服从正态分布；最小距离法没有考虑各类别的协方差矩阵，对训练样本数目要求低等，其分类结果由于遥感图像本身的空间分辨率以及"同物异谱""异物同谱"现象的存在，往往出现较多的错分、漏分现象，导致分类精度不高。尤其是近年来针对高光谱数据的广泛应用，各种新理论、新方法相继出现，对传统的计算机分类方法提出了新的要求。无论是监督分类还是非监督分类，都是依据地物的光谱特性的点独立原则来进行分类的，且都采用统计方法，只是根据各波段灰度数据的统计特征进行的，加上卫星遥感数据的分辨率的限制，一般图像的像元很多是混合像元，带有混合光谱信息的特点，致使计算机分类面临着诸多模糊对象，不能确定其究竟属于哪一类地物。而且，"同物异谱"和"异物同谱"的现象普遍存在，也会导致误分、漏分，因此人们不断尝试新方法来加以改善。

近年来的研究大多将传统方法与新方法加以结合。即在非监督分类和监督分类的基础上，运用新方法来改进，减少错分和漏分情况，不同程度地提高了分类精度。新方法主要有决策树分类法、模糊分类法、神经网络分类法、专家系统分类法、多特征融合法以及基于频谱特征的分类法等。

5.5　决策树分类(decision tree classification)

由于地表景物复杂多变，一次性分类容易出现类间混淆，人们不可能用一个统一的分类模式来描述或进行区域景物的识别与分类，这时往往采取逐次分类(分层分类)的方法。在深入研究景物的总体规律及内在联系，理顺其主次或因果关系，建立一种树状结构的框架(分类树)，来说明它们的复杂关系，并根据分类树的结构逐级分层次地把所研究的目标一一区分、识别出来。

决策树分类是以各像元的特征值作为设定的基准值，分层逐次进行比较的分类方法。该分类方法以分层分类的思想作为指导原则的，根据具有信息价值的各种类别的内在关系绘制的，因其结构形似一棵树而得名。

决策树分类灵活、直观、清晰。在进行决策树分类时，首先确定特征明显的大类别，再对每一大类作进一步的划分，此时可以更换分类方法，也可以更换分类特征，以提高类别的可分性。如此进行，直到所有类别全部分出为止。

决策树分类中采用的特征种类及基准值是按照地面实况数据及与目标物有关的知识等而定的。决策树分类法中常采用的特征有：光谱值、通过光谱值算出的指标(如 *NDVI*、缨帽变换的亮度指数、绿度指数、湿度指数等)、光谱值的算术运算值(如和、差、比值等)和主成分等。

5.5.1　决策树的结构

分类树由多个节点和分枝组成，最上面一层的节点称为根节点，最下面一层称为终端节点(叶节点)，每个终端节点包含原始一类。树结构设计可以从根节点到终端节点来进行，也可以反向进行。

决策树是一棵二叉树或多叉树，它输入的是一组带有类别标记的训练数据。二叉树的内部节点(非叶节点)一般表示为逻辑判断，树的枝是逻辑判断的分支结果；多叉树的内部节点是属性，枝是该属性的所有取值。树的叶节点都是类别标记。

5.5.2　决策树分类的特点

①决策树分类用逐级逻辑判别的方式，使人的知识及判别思维能力与图像处理有机地结合起来，避免出现逻辑上的分类错误。例如，决策树分类可通过参考地貌部位等已知信息将林、灌、草、农田分开，因而在后续分析中即使某块农田中的像元与某块草地的个别像元亮度值相近，也不会将它们错误地混淆为一类。

②决策树分类把复杂景物或现象按一定原则作了层层分解，使它们的关系简单化。由于在分类树的各个中间节点上，只存在较少的类别，面对较少的对象就有可能选择更有效的判别函数或有针对性的分类方法，如选择合适的波段与波段组合、采用不同的算法，或加一些辅助数据进行复合处理等。其针对性更强，分类精度更高。

③决策树分类根据不同目的要求进行层层深化，相互关系明确，局部细节描述得更为清楚，每个节点上只需考虑与区分目标有关的最佳变量，避免了数据冗余，减少了数据维数，能更充分地挖掘数据的潜能。

④由于分类树法对训练区内的统计并非基于任何"正态或中心趋势"假设，因而分类树法比传统的统计分类法更适于处理非正态、非同质(分布不均)的数据集，并对于特定的类别可以产生不止一个终端节点。

⑤知识的参与灵活方便，可以在不同层次间、以不同形式(逻辑判断或物理参数、数学表达式等)介入，便于遥感与地学知识的融合。

⑥分类树法能一目了然地显示任何独立变量的层次特性、相互关系，以及它们在分类中的相对重要性(权重)等，操作者可以看到分类过程中所发生的一切，避免"暗箱"操作。

显然，决策树分类这种逻辑判别算法可以增强信息提取能力、分类精度和计算效率，且在数据分析和解译方法上表现出更大的灵活性(赵英时，2013)。

5.5.3　建立分类树的基本条件

①所要表达的类别在各层次中均无遗漏。

②各类别均必须具有信息价值，即必须与识别的目标对象有关联、有意义，在分类中能起到作用。

③所列类别必须可通过遥感图像处理能够加以识别、区分。也就是在图像上有明确的显示或可以通过图像数据来表达。

对某一景物或现象而言，同时满足以上3个条件的分类树可以有多种。不同的人考虑问题的角度和理解程度不同，所建立的分类树、寻找的分类途径也不同。分类树设计的好坏在于各分类结点上的类别间差异大小，差异越大，遥感的可分性越高，分类精度越高。这里有个特征选择问题，即波段与方法的选择。选用何种遥感数据源，采用何种分类方法以及操作者的分析水平均直接影响识别与分类的结果(赵英时，2013)。

5.5.4　建立分类树的基本方法

(1)遥感数据统计特征分析和可分性研究

建立分类树首先需要了解地物间总体规律、内在联系。遥感数据的统计特征能揭示和反映遥感数据内部及各波段间内在的规律性。根据统计特征和可分性研究的结果，选择最佳波段和波段组合，设计分类树。

(2) 叠合光谱图

叠合光谱图又称为多波段响应图表。该方法是将统计分析的结果表示在图表上，给出每种类别在每个波段中的平均光谱响应，并算出各类别相对于均值的标准偏差，以均值为中点的星线长度表示正负标准偏差，即表示该类别亮度值取值的离散程度。

叠合光谱图直观地显示了不同类别在每一波段中的位置、分布范围、离散程度、可分性大小等，是一种以定量方式对类别数据的光谱特征进行分析与比较，选择最佳波段与波段组合，建立分类树的直观、简便、有效方法。

(3) 基于知识的分层分类

该方法仅靠光谱信息的统计分析和自动分类，精度较低，往往还要引入光谱知识及空间属性、空间分布、DTM 等信息或知识，综合多种来源数据和知识，建立分类树。

5.5.5　基本过程

包括两个过程：训练和分类。首先利用训练样本对分类树进行训练，构造分类树结构，然后用训练好的分类树对像元进行逐级判定，最终确定其类别归属。

5.6　分类的精度评价

精度是指观测值、计算值或估计值与真实值之间的接近程度。分类精度分为非位置精度和位置精度。非位置精度以一个简单的数值(如面积、像元数目等)表示分类精度，由于未考虑位置因素，类别之间的错分结果彼此平衡，在一定程度上抵消了分类误差，使分类精度偏高。位置精度分析将分类的类别与其所在的空间位置进行统一检查来表示精度，是相对合理的精度评价方法。

Aronoff 将遥感分类精度定义为：给地图上某一位置赋予的类别为该位置真实类别的概率。遥感图像分类精度分析通常通过比较分类图与标准数据(图件或地面实测调查)来进行。

对分类结果的精度评价通常出于以下目的：一是对比不同分类方法的优劣，以便选择最佳的分类方法；二是通过分析误差分布状况以及来源，寻找改进算法以提高精度的有效方法；三是度量分类结果的准确程度，为基于分类图的后续分析提供客观依据。

5.6.1　精度评价方法

分类精度评价的发展可分为四个阶段：第一阶段的精度评价方法以目视判断为主，是一种定性的、主观性很强的评价方法；第二阶段由定性评价发展到定量评价，主要通过比较分类所得的专题图中各类别的面积范围与地面或其他参考数据中相应类别的面积范围得到评价结果，这种方法的局限在于未考虑位置因素，可能会使精度偏高；第三阶段以定位类别比较和精度测量为特征，将特定位置分类结果中的类别和地面实况或其他参考数据中相应点的类别进行比较，并在比较基础上发展了各种精度测量；第四阶段的评价方法是在第三阶段方法的基础上细化和发展而来，其核心是混淆矩阵(confusion matrix)分析法。

混淆矩阵分析法于 1960 年由 Chone 提出的，以后有许多学者在系数的算法和应用方面做出了大量改进，逐渐发展成遥感分类的主要精度分析方法。

1）混淆矩阵的结构

混淆矩阵，也称误差矩阵，是一个 m 行 m 列矩阵（m 为类别数）（表 5-5）。矩阵的列方向（左右）依次排列着实际类别（检验数据）的第 1 类至第 m 类的代码或名称；行方向（上下）依次排列着分类结果类别的第 1 类至第 m 类的代码或名称（矩阵中行列的设计也可相反，列方向可以代表分类结果类别、行方向可以代表实际类别）。矩阵中的元素 p_{ij} 是分属各类的像元数或其占总像元数的百分比。显然，矩阵主对角线上的元素 p_{ii} 就是分类正确的像元数或其百分比，主对角线以外的元素就是错分的像元数或其百分比。p_{pi} 代表矩阵中第 i 行元素之和，p_{li} 代表矩阵中第 i 列元素之和。

表 5-5 混淆矩阵结构

		实际类别						
		C_1	C_2	...	C_i	...	C_m	p_{pi}
	C_1	p_{11}	p_{12}	...	p_{1i}	...	p_{1m}	p_{p1}
	C_2	p_{21}	p_{22}	...	p_{2i}	...	p_{2m}	p_{p2}
分类	...	...	...	...	...	...	...	...
结果	C_i	p_{i1}	p_{i2}	...	p_{ii}	...	p_{im}	p_{pi}
类别	...	...	...	...	...	...	...	...
	C_m	p_{m1}	p_{m2}	...	p_{mi}	...	p_{mm}	p_{pm}
	p_{li}	p_{l1}	p_{l2}	...	p_{li}	...	p_{lm}	N

2）基于混淆矩阵的评价指标

根据混淆矩阵，可以用以下指标来计算评价结果的精度或误差。

（1）总体分类精度（overall accuracy）

矩阵对角线样点数之和除以总样点数。

其计算公式为：

$$p_c = \frac{1}{N} \sum_{i=1}^{m} p_{ii} \tag{5-11}$$

式中　m——分类的类别数；

　　　N——样本总数；

　　　p_{ii}——第 i 类被正确分类的样本数。

总体分类精度表明对每一个随机样本的分类结果与真实类型相一致的概率。表示在所有样本中被正确分类的样本比例。反映的是整体的分类精度，测试样本数较少的类别的精度将在一定程度上被忽视。

（2）生产者精度（producer's accuracy）

每个类别被正确分类的样点数除以该类别总的验证样点数。

其计算公式为：

$$p_A = \frac{p_{ii}}{p_{li}} \tag{5-12}$$

式中　p_{ii}——第 i 类被正确分类的样本数；

p_{li}——矩阵中第 i 列元素之和。

生产者精度又称制图精度，表示在所有实测类型为第 i 类的样本中，被正确分到第 i 类的样本所占的比例。

(3) 用户精度（user's accuracy）

每个类别被正确分类的样点数除以该类别总的分类样点数。

其计算公式为：

$$u_A = \frac{p_{ii}}{p_{pi}} \tag{5-13}$$

式中　p_{ii}——第 i 类被正确分类的样本数；

p_{pi}——矩阵中第 i 行元素之和。

用户精度是分类器正确识别的像元数与地面实际像元数的比值，表示在被分为第 i 类的所有样本中，其实测类型确实也为第 i 类的样本所占的比例。

(4) 总体 Kappa 系数

更为客观的评价分类质量的指标，来测定两幅分类图之间的吻合度或精度。

其公式为：

$$K = \frac{N\sum_{i=1}^{m} p_{ii} - \sum_{i=1}^{m}(p_{pi} \times p_{li})}{N^2 - \sum_{i=1}^{m}(p_{pi} \times p_{li})} \tag{5-14}$$

一般认为，Kappa 系数与分类精度关系见表 5-6：

表 5-6　分类质量与 Kappa 统计值

K（Kappa 系数）	分类质量	K（Kappa 系数）	分类质量
<0.00	很差	0.40~0.60	好
0.00~0.20	差	0.60~0.80	很好
0.20~0.40	一般	0.80~1.00	极好

(5) 漏分误差（omission error）

与生产者精度 p_A 互补，表示在所有实测类别为第 i 类的样本中，被分类到其他类别的样本所占的比例。

$$o_E = 1 - p_A \tag{5-15}$$

(6) 错分误差（commit error）

与用户精度 u_A 互补，表示在被分为第 i 类的所有样本中，其实测类型并非第 i 类的样本所占的比例。

$$c_E = 1 - u_A \qquad\qquad (5\text{-}16)$$

用户精度从用户的角度反映分类图的可靠性；制图精度从编图和制图的角度反映图面上被标识为各类地物的可靠性。这些指标的客观性依赖于训练区样本的统计特征及分类方法。总体精度的计算只采用了误差矩阵中对角线上被正确分类的像元数量。而 Kappa 系数既考虑了对角线上被正确分类的像元数量，同时也考虑到各种错分和漏分的误差，更加全面反映了分类精度。

3) 混淆矩阵的评价实例

已知混淆矩阵见表 5-7，据此求出各种精度评价指标。

表 5-7　计算混淆矩阵实例

		实际类别				
		草地	麦田	裸土	水体	P_{pi}
分类结果	草地	48	3	2	2	55
	麦田	18	70	24	6	118
	裸土	7	5	65	12	89
	水体	3	2	11	59	75
	P_{li}	76	80	102	79	337

(1) 总体分类精度

$$p_c = \frac{1}{N}\sum_{i=1}^{m} p_{ii} = \frac{1}{337}\sum_{i=1}^{4} p_{ii} = (48 + 70 + 65 + 59)/337 = 71.81\%$$

(2) 生产者精度 p_A 和漏分误差 o_E

当 $i = 1$ 时，即对草地类别，$p_{A草} = \dfrac{p_{11}}{p_{l1}} = 48/76 = 63.16\%$，漏分误差为 36.84%；

当 $i = 2$ 时，即对麦田类别，$p_{A麦} = \dfrac{p_{22}}{p_{l2}} = 70/80 = 87.50\%$，漏分误差为 12.50%；

当 $i = 3$ 时，即对裸土类别，$p_{A裸} = \dfrac{p_{33}}{p_{l3}} = 65/102 = 63.73\%$，漏分误差为 36.27%；

当 $i = 4$ 时，即对水体类别，$p_{A水} = \dfrac{p_{44}}{p_{l4}} = 59/79 = 74.68\%$，漏分误差为 25.32%。

(3) 用户精度 u_A 和错分误差

当 $i = 1$ 时，即对草地类别，$u_{A草} = \dfrac{p_{11}}{p_{p1}} = 48/55 = 87.27\%$，错分误差为 12.73%；

当 $i = 2$ 时，即对麦田类别，$u_{A麦} = \dfrac{p_{22}}{p_{p2}} = 70/118 = 59.32\%$，错分误差为 40.68%；

当 $i = 3$ 时，即对裸土类别，$u_{A裸} = \dfrac{p_{33}}{p_{p3}} = 65/89 = 73.03\%$，错分误差为 26.97%；

当 $i = 4$ 时，即对水体类别，$u_{A水} = \dfrac{p_{44}}{p_{p4}} = 59/75 = 78.67\%$，错分误差为 21.33%。

（4）总体 Kappa 系数

$$K = \frac{N \sum\limits_{i=1}^{m} p_{ii} - \sum\limits_{i=1}^{m}(p_{pi} \times p_{li})}{N^2 - \sum\limits_{i=1}^{m}(p_{pi} \times p_{li})} = \frac{337 \sum\limits_{i=1}^{4} p_{ii} - \sum\limits_{i=1}^{4}(p_{pi} \times p_{li})}{337^2 - \sum\limits_{i=1}^{4}(p_{pi} \times p_{li})} = 0.62$$

4）基于混淆矩阵的精度评价方法的问题

精度评价是一个复杂的过程，尽管混淆矩阵已成为分类精度评价的核心方法，但还有许多问题没有解决。混淆矩阵及其衍生的指标存在两点不足：第一，混淆矩阵精度评价不能反映出误差的空间分布情况，不利于分析误差的来源；第二，混淆矩阵精度评价限定每个训练样本和测试样本都只能归属于单个类别，因此不能用于模糊分类或软分类。

5.6.2 精度评价的基本过程

1）精度评价的过程

①确定抽样方法；

②使用其他方法确定每个像元点的类型作为参考数据；

③建立混淆矩阵；

④计算各种精确度或误差。

2）关于评价的参考数据的来源

检验用的实际类别来源有 3 种：

①分类前选择的训练区和训练样本时确定的各个类别及其空间分布图；

②类别已知的局部地段的专业类型图；

③实地调查的结果。

3）抽样及抽样方法

分类后专题影像最佳精度评价的方法是用它与一幅覆盖同样地域的完全准确的分类专题图逐像元地进行对照。但这种方法显然是不现实的，因为准确的专题图恰好是分类工作所希望得到的。可行的方法是在分类区域选取一定数量的样本，并通过可靠的手段，比如地面调查获取其真实类别。

（1）抽样误差

抽样误差是用抽样样本统计量推断总体分类精度的误差，属于一种代表性误差。对任何一种抽样方案，可能的样本会有许多，在概率抽样中，某样本被抽到的概率完全是随机的，抽到的样本不同，对总体分类精度的估计可能也不同，这是抽样误差产生的根本原因。因此，在抽样调查中抽样误差是不可避免的。但应尽量减少抽样误差，以提高分类精度评价的可靠性。

（2）抽样方式

样本采集的方法很多，常用的有简单随机抽样、层次随机抽样、系统抽样、聚集抽样等。

①简单随机抽样：简单的随机抽样就是在整个影像上不重复地目视解译，随机选取样本。这种方法操作简单，适合于各种类别分布均匀，且面积差异不大的情况。

②层次随机抽样：若某些类别的分布面积小，则容易导致采样不足，甚至类别被遗漏采样。为了避免这种情况，可采用层次随机抽样法，即对每个类别分别采样。

③系统抽样：系统抽样法是按一定的空间规律进行采样，例如，每间隔一定距离采一个样本。由于地物的分布往往呈现一定规律性，导致系统性采样获取的样本之间存在相关性。

④聚集抽样：聚集抽样法是选定块状地域内的像元作为样本，可以相对快捷地获取较多的样本。但临近样本之间存在相关性，30个邻近像元并不能代表30个独立样本。因此，选取的地块不宜太大。

抽样方式的设计非常重要，不同的抽样方式、选取样本的大小可能对分类精度评价产生显著影响。在解决具体问题时，需要根据人力、物力、样区的可达性、样本的判别方式等各种实际条件选择适当的抽样方法。

(3)样本数量

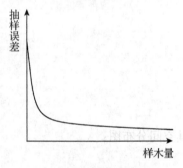

图 5-2　抽样误差与
样本数量的关系

抽样测试样本的数量对能否正确估算专题图的真实分类精度也存在影响。直观地说，如果抽样样本过少，那么根据它们估算出来的分类精度将更易偏离真实分类精度。

抽样误差通常会随样本量的大小而增减。分类样本数是指分类的图斑数目，并非指图像像元数目。在某些情形下，抽样误差与样本量大小的平方根呈反比(图 5-2)。在开始阶段抽样误差随样本量的增加而迅速减少，但在一定阶段后，这种趋势便趋于稳定。经过一定阶段后，再努力减少抽样误差通常是不经济的。抽样数目达评价分类样本数的 3%~5%，即可满足正确估算真实分类精度的要求。

5.6.3　分类误差原因分析

正确地分析产生误差的内在原因是非常重要的，因为只有这样才能找到有针对性的减少误差、有效地提高分类精度的方法，才能确保精度评价结果的客观真实性。

(1)遥感数据的问题

①遥感数据本身问题：低空间分辨图像包含大量类别模糊的混合像元，高空间分辨率图像中复杂程度大的含有多种随机噪声干扰。

②遥感图像反映的主要是地球表层系统的二维空间信息，高程变化以及地表以下深层构造对地理环境的影响没有得到充分反映，导致分类信息不完整。

③遥感图像的空间分辨率同类地物的差异往往被夸大，造成分类的复杂性。

(2)分类方法的缺陷

各种分类方法都有一些不同程度的缺陷，如相当多的分类算法主要利用图像的光谱信息进行分类，图像的结构信息、空间信息未得到充分利用；再如，最大似然法需要假定类别的分布概率为特定的分布，当实际类别的分布不满足这一要求时，分类精度会显著下降。

(3) "伪"误差

分类之外的因素引起的误差称为"伪"误差。

普遍采用的评价分类精度的方法是：首先以某种方式选取一定数量的测试样本，并根据实地调查、高空间分辨率的影像判读或其他较可靠的手段标定其"真实"类别，然后将这些测试样本的"真实"类别和通过分类得到的类别进行比较，两者之间的差异程度即为分类精度。这种方法隐藏着两个重要的假设：其一，测试样本的类别标定完全正确；其二，在地面上、其他影像或地图上选取的测试样本能够与被分类的遥感影像中的对应样本精确配准。事实上这两个假设往往都不能完全成立，由此产生的误差显然不能归咎于分类。

思考题

1. 遥感图像分类的理论依据是什么？
2. 遥感图像分类的方法可归为哪些类型？
3. 什么是同物异谱？什么是同谱异物？对遥感分类有什么影响？
4. 最佳指数法如何用于分类特征选取？
5. 衡量样本之间的相似性有哪些方法？
6. 非监督分类的聚类算法有哪些？
7. 什么是监督分类？
8. 训练样本选取的要点是什么？
9. 如何评价训练样本？
10. 监督分类和非监督分类各有什么优缺点？
11. 决策树分类有什么特点？
12. 混淆矩阵的结构是什么样的？
13. 基于混淆矩阵的评价指标有哪些？如何计算？各有什么含义？

第**6**章
IDL 入门及应用

交互式数据语言 IDL(interactive data language)一直是应用程序开发和科学家进行可视化与分析的首选语言，由于其简单易学，容易上手，很少的几行代码就能实现其他语言很难实现的功能，因此成为科学数据分析、可视化表达和跨平台应用开发的高效软件和理想工具。IDL 作为第四代计算机语言，具有语法简单，面向矩阵运算，拥有丰富的分析工具包等特点，其采用高速的图形显示技术，是集可视化、交互数据分析、大型商业开发为一体的高级集成开发环境，使用户的数据处理、科学研究和商业开发真正地做到快捷有效。

利用 IDL 可以快速地进行科学数据读写、三维数据可视化、数值计算和三维图形建模等。IDL 可以应用在地球科学(包括气象、水文、海洋、土壤和地质等)、医学影像、图像处理、GIS 系统、软件开发、测试、天文、航空航天、信号处理、防御工程、数学统计与分析以及环境工程等领域。

6.1 IDL 语言基础

6.1.1 IDL 操作界面

自 IDL 7.0 版本起，IDL 工作台基于 Eclipse 框架运行，因此在各种操作系统下均具备同样的操作界面和快捷键，便于在不同操作系统的平台下进行源码开发，IDL 运行界面如图 6-1 所示。

IDL 工作台的组成包括菜单栏、工具栏、项目资源管理器、代码区域、控制台和状态栏等几部分。

(1)菜单栏

菜单栏包含了 IDL 的主要功能，包括文件、编辑、源码、项目、运行、窗口和帮助 7 个子菜单(图 6-2)。

(2)工具栏

工具栏提供了对常用工具便捷快速的操作按钮(图 6-3)。

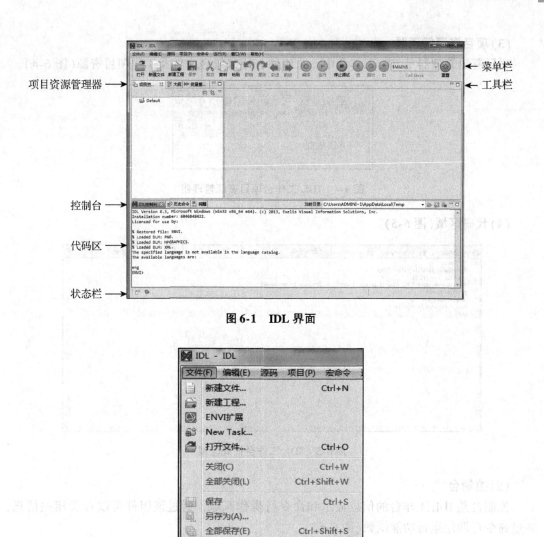

图6-1 IDL 界面

图6-2 IDL 工作台菜单栏

图6-3 IDL 工作台工具栏

(3) 项目资源管理器

项目资源管理器是 IDL 工作台中一个组件,用来管理文件及工程项目资源(图 6-4)。

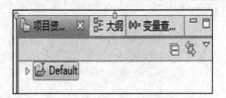

图 6-4　IDL 工作台项目资源管理器

(4) 代码区域(图 6-5)

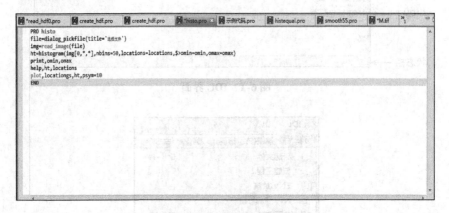

图 6-5　IDL 工作台代码区域

(5) 控制台

控制台是 IDL 工作台的信息显示和命令行操作区域,通过该组件可以查看相关信息,通过命令行调用运行功能函数(图 6-6)。

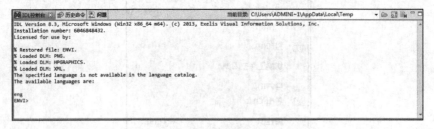

图 6-6　控制台

(6) 状态栏

状态栏包括视图快速启动栏、文件信息栏和当前编辑位置等(图 6-7)。

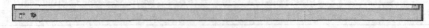

图 6-7　状态栏

（7）帮助

IDL 的帮助分为选中项目帮助和帮助内容两种（图 6-8）。

图 6-8　IDL 工作台帮助界面

6.1.2　IDL 语法基础

语法是编程语言的基础，也是学习一门语言首先要掌握的内容。这部分主要介绍 IDL 的基础语法，包括基本数据类型、变量、数组、字符串、结构体、指针、对象、链表、哈希表和运算符等内容。在 IDL 中，绝大多数运算都可以基于数组进行。数组运算是 IDL 中非常重要的部分。数组运算时，IDL 与其他常用语言如 C、C#、JAVA 等区别很大。

1）数据类型

IDL 中有 17 种基本数据类型，包括 11 种数字数据类型和 6 种非数字数据类型。例如：字节型、16 位有符号整型、32 位有符号长整型、64 位有符号整型、16 位无符号整型。

2）常量与变量

常量为不能修改的固定值，分为整型常量、浮点型常量、复数型常量和字符型常量等类型。例如，'1' 为整型常量，'a' 为字符常量。

变量分为局部变量和系统变量。两者的区别在于生命周期不同：局部变量在所属的函数或过程中有效；而系统变量则在当前编译器进程中始终有效。

通常，局部变量简称为"变量"，不加说明，变量指的就是局部变量。

IDL 变量名不区分大小写，长度不能超过 255 个字符，首位只能是字符或下划线"_"，中后部可以是字母、数字、下划线和续行符"$"。

3）运算符

①数学运算符：加（＋）、增运算（＋＋）、减（－）、减运算（－－）、乘（＊）、除（/）、幂（^）、取余（mod）、取小（＜）和取大（＞）。

```
IDL > var = 99
IDL > print, var + +
99
IDL > print, var
    100
IDL > var = indgen(2)
```

89

```
IDL > print, var + +
        0        1
IDL > print, var
        1        2
IDL > print, var^4
        1       16
IDL > var = [3, 8]
IDL > print, var^3
       27      512
IDL > var = 22
IDL > print, varmod2
        0
IDL > print, varmod5
        2
IDL > var = [4, 4]
IDL > print, varmod1
        0        0
```

②逻辑运算符:

```
IDL > print, 2&&3
        1
IDL > print, "wa"&&""
        0
IDL > print, 3 | | 1
IDL > print, 9 | | 0
        1
IDL > print, ~4
        0
IDL > print, ~0
        1
```

③位运算符: and、not、or、xor。

```
IDL > print, 3and2
        2
IDL > print, not2
       - 3
IDL > print, 3or8
       11
IDL > print, 2xor7
        5
```

④关系运算符：EQ、NE、GE、GT、LE。

```
IDL > print, 3EQ3. 0
        1
IDL > var = [3, 3]
IDL > print, varne1
        1        1
IDL > print, 3ge1
        1
IDL > var = [3, 3]
IDL > print, varge1
        1        1
```

4）数组

数组是 IDL 中最重要的数据组织形式，IDL 中的绝大部分函数都支持数组运算。IDL 中的数据支持 0~8 维，下标顺序为先列标、后行标，例如数组 Array[3, 4]是 4 行 3 列。

（1）创建数组的方式

创建方式有赋值创建和函数创建两种。

①赋值创建：

```
IDL > arr = [2, 3, 4]
IDL > help, arr
ARR              INT      = Array[3]
IDL > arr = [[1, 2, 3], [4, 5, 6]]
IDL > help, arr
ARR              INT      = Array[3, 2]
```

②函数创建：例如，创建 4×4 初始值为 0 的字节类型数组。

```
IDL > arr = BytArr(4, 4)
IDL > help, arr
ARR              BYTE     = Array[4, 4]
IDL > print, arr
   0   0   0   0
   0   0   0   0
   0   0   0   0
   0   0   0   0
```

（2）读取数组元素

读取数组元素有下标方式和向量方式两种。

①下标方式：按照"数组名[下标]"或数组名(下标)"对数组中元素进行存取。

```
IDL >  array = indgen(9)
IDL > print, array
      0      1      2      3      4      5      6      7      8
IDL > print, array[5]
      5
```

②向量方式：下标可以通过向量方式表示，如读取数组中第一、第二、第四和第六个元素代码。

```
IDL >  array = indgen(9)
IDL >  indices = [0, 1, 3, 5]
IDL > print, array[indices]
      0      1      3      5
```

(3) 数组运算

数组运算包括数组求大小和求余运算、数组与数运、数组与数组运算和数组合并。

①数组求大小和求余运算：

```
IDL > arr = indgen(6)
IDL > print, arr
      0      1      2      3      4      5
IDL > print, arr > 5
      5      5      5      5      5      5
IDL > print, arr < 3
      0      1      2      3      3      3
IDL > print, arrmod3
      0      1      2      0      1      2
```

②数组与数组运算：

```
IDL > arr1 = indgen(8)
IDL > print, arr1
      0      1      2      3      4      5      6      7
IDL > arr2 = arr1 + 5
IDL > print, arr2
      5      6      7      8      9      10      11      12
```

数组与数组运算结果中的元素个数与参数运算数组中最少的元素个数一致；多维数组需要转换为一维数组来运算。

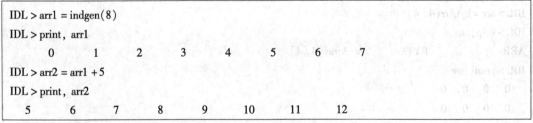

```
IDL > arr1 = [3, 4, 6, 8]
IDL > arr2 = [1, 5, 8, 0]
IDL > print, arr1 + arr2
      4      9      14      8
```

③数组合并：数组与数组的合并需要两个数组的行数或列数相同。

```
IDL > a = indgen(3, 9)
IDL > b = indgen(5, 9)
IDL > c = [a, b]
IDL > help, c
C                INT        = Array[8, 9]
IDL > d = indgen(3, 3)
IDL > e = [[a], [d]]
IDL > help, e
E                INT        = Array[3, 12]
```

(4) 数组相关函数

MAX：最大值。

MIN：最小值。

TOTAL：数组元素的总和。

PRODUCT：数组元素总乘积。

REVERSE：数组反转。

ROTATE：数组旋转。

ROT：任意角度旋转。

SORT：排序，从小到大，返回索引数组。

UNIQ：相邻唯一值，返回索引数组。

REFORM：调整数组的维度，元素个数不变。

REPLICATE_ INPLACE：更新一个数组中一部分或者全部为指定的数值。

WHERE：返回符合条件的数组。

SIZE：返回值是数组，分别表示维度、列、行、类型、个数。

INDGEN：返回指定维度的数组。

FINDGEN & Others：返回指定维度的数组(浮点型)。

INTARR & Others：返回指定维度全是 0 的数组。

MAKE_ ARRAY：动态创建数组。

其他相关函数：

Size( )函数能够获取数组的相关信息。

WHERE( )能返回数组中满足指定条件的元素下标。

Reform( )函数可以在不改变数组元素个数的前提下改变数组的维数。

Rebin( )函数可以修改数组大小，修改后数组的行数或列数必须是原数组行数或列数的整数倍。默认抽样算法是双线性内插。

Reverse( )函数可以对数组进行反转。

Transpose( )函数可以对数组进行转置。

Rotate( )函数可以以 90°的整倍数角度对数组进行旋转操作。

5）字符

IDL 提供了多种进行字符串操作的函数，常用的字符串操作函数有：

①strlen（字符串）：计算字符串的长度，空字符串返回零，字符串中的空格也算做一个字符，无论空格在字符之前、中间还是之后。

②strtrim（字符串，n）：去掉字符串中的空格，n＝0，表示去掉尾部空格，n＝1 去掉前部空格，n＝2 表示前部和后部空格都去掉。

③strmid：从字符串的 n1 个位置开始，取出 n2 个字符的子字符串，若省略 n2，则读到字符串的末尾，/reverse_ offset 指从尾部算起，空格、小数点也算作一个字符，从 n1 个位置开始，其实 n1 个数是不算的，后一个值才开始加（字符串，n1，n2，/reverse_ offset）。也可以理解为字符是从 0 开始算起。

④strjoin：将字符串用分隔符连接起来，[字符串 1，字符串 2，字符串 n]，如果没有设定分隔符则直接连接。

⑤strsplit（字符串）：根据指定的定界符把字符串分割成子串，默认的定界符为空格或 Tab。

⑥strput（字符串 1，字符串 2，n）：用字符串 2 从第 n 个位置开始替换字符串 1 中的字符，并保持字符串 1 的长度不变。

⑦strlowcase（字符串）和 strupcase（字符串）：将字符串中的所有大写（小写）字母换成小写（大写）字符，其他非字母字符不转换。

⑧strcompress（字符串，/remove_ all）：去除单词间多于一个的空格，/remove_ all 会删除所有空格。

⑨strcmp（字符串 1，字符串 2）：比较两字符串是否相同。两字符串相同返回 1，否则返回 0。

⑩strops（字符串 1，字符串 2）：检测字符串 2 是否在字符串 1 中出现，若出现返回出现的位置，否则返回 −1。

其他相关函数：

Size（）函数能够获取数组的相关信息。

WHERE（）能返回数组中满足指定条件的元素下标。

Reform（）函数可心在不改变数组元素个数的前提下改变数组的维数。

Rebin（）函数可以修改数组大小，修改后数组的行数或列数必须是原数组行数或列数的整数倍。默认抽样算法是双线性内插。

Reverse（）函数可以对数组进行反转。

Transpose（）函数可以对数组进行转置。

Rotate（）函数可以以 90°的整倍数角度对数组进行旋转操作。

6）程序控制部分

（1）选择结构

①"If""then"和"else"语句：

IF expression THEN statement 或者

IF expression THEN statement ELSE statement 或者

IF expression THEN BEGIN

statements

ENDIF 或者

ENDIF ELSE BEGIN 或者

ENDELSE

expression：判断表达式。

statement(s)：语句内容。

```
IDL > A = 22
IDL > B = 78
IDL > IF( A EQ22) AND ( B EQ78) THENPRINT, 'A =', A, STRING(13B), 'B = ', B
A =          22
B =          78
```

②Case 语句：

CASE expression OF

   expression：statement(s)

   expression：statement(s)

ENDCASE

或者

CASE expression OF

   expression：statement(s)

   expression：statement(s)

   ELSE：satement(s)

ENDCASE

或者

CASE expression OF

   expression：statement(s)

   expression：statement(s)

ELSE：BEGIN

   satement(s)

   END

ENDCASE

expression：判断语句。

statement(s)：执行语句。

```
procase, x
case x of
1：PRINT,'one'
2：PRINT,'two'
endcase
END
```

③Swtich 语句：

SWITCH expression OF

  expression：statement(s)

  expression：statement(s)

ENDSWITCH

或者

SWITCH expression OF

  expression：statement(s)

  expression：statement(s)

ELSE：satement(s)

ENDSWITCH

或者

SWITCH expression OF

  expression：statement(s)

  expression：statement(s)

ELSE：BEGIN

  satement(s)

END

ENDSWITCH

expression：判断语句。

statement(s)：执行语句。

```
protest, x
SWITCH x OF
1：begin
PRINT,'one'
break
2：begin
PRINT,'two'
break
end
else：print,'wrong'
ENDSWITCH
end
```

(2) 循环结构

①For 循环：

FOR variable = init, limit [, Increment] DO statement

FOR variable = init, limit [, Increment] DOBEGIN

Statements

ENDFOR

init：开始的数。

limit：结束的数。

Increment：增量值。

statement(s)：循环语句内容。

```
IDL > FORi = 1, 6DOBEGIN
IDL > print, i
      7
IDL > FORi = 2, 9, 3DOBEGIN
IDL > print, i
          11
```

②Foreach 循环：

FOREACHElement, Variable [, Index] DO Statement

FOREACH Element, Variable [, Index] DO BEGIN

statements

ENDFOREACH

Element：每一个元素。

Variable：数组变量。

Index：元素的索引值。

Statement(s)：循环语句内容。

```
IDL >  array = [2, 7, 9]
IDL > FOREACHelement, arrayDOPRINT, ' Element =' , element
Element =        2
Element =        7
Element =        9
IDL > arr = INDGEN(3, 3)
IDL > FOREACHelement, arr[2, *] DOPRINT, element
      2
      5
      8
```

③While do 循环：

WHILE expression DO statement

WHILE expression DO BEGIN

Statements

ENDWHILE

expression：判断表达式。

statement(s)：循环语句。

```
IDL > i = 4
IDL > WHILE( igt0 ) DOPRINT, i − −
        4
            3
            2
            1
```

④Break 语句：从 FOR、WHILE、REPEAT 循环、CASE 或 SWITCH 语句中跳出。

```
pro break_ test
i = 0
PRINT, 'Initial value：', i
WHILE (1) DOBEGIN
i = i + 2
IF ( ieq4 ) THENBREAK
PRINT, 'Loop value：', i
ENDWHILE
PRINT, 'END VALUE：', i
END
```

(3) 过程和函数

过程或者函数用于复杂的程序或者步骤较多的变成任务，程序文件以"PRO"或者
"FUNCTION"开头，以"END"结尾。

```
FUNCTIONFUN_ TOTAL, x, y
RETURN, x − y
END
PROusingfunction
  a = 12
  b = 32
  result = FUN_ TOTAL(a, b)
PRINT, result
END
```

6.2　IDL 遥感图像处理基础

6.2.1　图像显示

IDL 图像的显示是通过 tv 和 tvscl 两个命令完成的，其调用格式和参数基本一样，主要

区别在于 tv 命令对图像不做处理, 而 tvscl 命令则将图像线性拉伸到 0～255 的值域区间后再显示。两个命令的语法如下:

tv 命令的语法: tv, image[, x, y][, /order][, true = {1 | 2 | 3}]
tvscl 命令的语法: tvscl, image[, x, y][, /order][, true = {1 | 2 | 3}]

命令中　参数 image——遥感图像;
参数 x 和 y——用于设置图像在窗口中的位置, 为图像左下角的起始坐标;
order——用于设置图像纵坐标从上往下算, 不设置时, 则默认从下往上算;
true——用于设置图像像元值的存放顺序;
1——像元顺序(BIQ);
2——行顺序(BIL);
3——波段顺序(BSQ)。

对一景遥感图像分别利用 tv 和 tvscl 命令显示, 其代码和显示效果如下:
使用 tv 命令显示遥感影像, 代码如下:

IDL > fn = dialog_ pickfile(title = '选择文件'); 选择文件
IDL > img = read_ image(fn); 读取图像
IDL > sz = size(img); 读取图像大小
IDL > ns = sz[2] &nl = sz[3]; 图像行列数
IDL > window, xsize = ns, ysize = nl; 设置显示窗口大小
IDL > ; 使用 tv 命令显示图像
IDL > tv, img, true = 1
IDL > ; 若使用 tvscl 命令显示图像则将上一行代码换为: tvscl, img, true = 1

显示图像结果如图 6-9 所示, 左图为原始图像, 右图为 tv 命令显示效果。

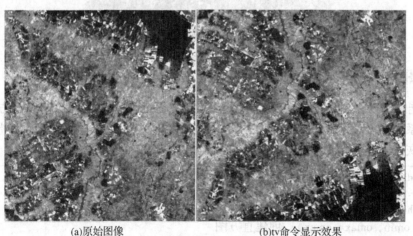

(a)原始图像　　　　　　　　　　　　(b)tv命令显示效果

图 6-9　原图及 tv 命令显示效果

对于普通的图像, tv 和 tvscl 的显示效果相近, 因为这些图像的值域通常都在 0～255。如果用 tv 命令直接显示 NDVI 数据时窗口为全黑色, 而 tvscl 命令则可以使它正常显示。因

为 NDVI 数据的值域为[-1,1]，若不增强直接显示则灰度值极低，无法在窗口正常显示，用 tvscl 命令将其拉伸到[0,255]值域再显示则能得到较好的显示效果。

image 函数：IDL8.0 之后新增的 image 函数，用于返回图形对象，将图像数据以图形窗体的形式显示。

```
IDL > fn = dialog_ pickfile(title = '选择图像文件')
IDL > img = read_ image(fn)
IDL > sz = size(img)
IDL > ns = sz[2] &nl = sz[3]
IDL > il = image(img, dimension = [ns, nl], margin = 0, window_ title = 'image')；使用 image 命令显示图像
```

输出结果如图 6-10 所示。

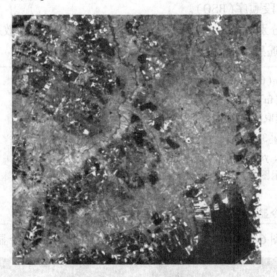

图 6-10　image 函数显示结果

6.2.2　图像统计

IDL 能够实现的常规的图像统计包括最大值、最小值、中值、平均值、方差、标准差、偏度系数和峰度系数等。除此之外，直方图统计也是图像统计的一个重要指标，用于反映图像灰度的分布状况，使用 histogram 函数来计算，使用实例如下。

```
IDL > fn = dialog_ pickfile(title = '选择要进行直方图统计的图像文件')
IDL > img = read_ image(fn)
IDL > ht = histogram(img[0, *, *], nbins = 50, locations = locations, $
 > omin = omin, omax = omax)；创建直方图
IDL > print, omin, omax；输出直方图统计的最大值 omax 和最小值 omin
   0 255
IDL > plot, locations, ht, psym = 10；显示直方图
```

原始图像及其直方图如图 6-11 所示。

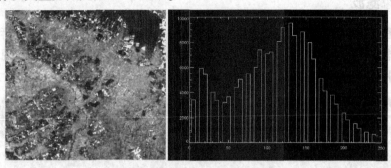

图 6-11　原始图像及其直方图

6.2.3　图像增强

图像增强用于改善图像质量、丰富信息量，加强图像判读和识别效果，满足某些特殊分析的需要。常用方法有图像线性增强、直方图均衡、掩膜运算、密度分割和色彩空间变换等，下面主要介绍直方图均衡。

直方图均衡可使用 hist_ equal，adapt_ hist_ equal 这两个函数，下面对一幅遥感数据利用 hist_ equal 进行增强，代码和处理后的图像如图 6-12，左图为原始图像，右图为直方图均衡结果。

```
IDL > fn = dialog_ pickfile( title =' 选择读取的图像' )
IDL > img = read_ image( fn)
IDL > img_ hist_ equal = hist_ equal( img)；用直方图对图像进行增强
IDL > sz = size( img)
IDL > ns = sz[ 2 ] &nl = sz[ 3 ]
IDL > window, 0, title =' 原始图像' , xsize = ns, ysize = nl
IDL > tv, img, true = 1；显示原始图像
IDL > window, 1, title =' hist_ equal 标准直方图均衡' , xsize = ns, ysize = nl
IDL > tv, img_ hist_ equal, true = 1；显示直方图增强后的图像
```

（a）原始图像　　　　　　　　　　　（b）直方图均衡

图 6-12　原始图像及直方图均衡结果

6.2.4　图像滤波

常用的图像滤波有平滑滤波和锐化滤波两种。平滑滤波用于图像的模糊和去噪处理，常用的平滑滤波方法有均值滤波和中值滤波。均值滤波使用 smooth 函数实现（图 6-13），中值滤波使用 median 函数实现。

（a）原始灰度图像　　　　　　　　　　　　　　（b）均值滤波效果

图 6-13　原始灰度图像与均值滤波效果

锐化滤波用于图像的边缘增强和边缘提取，常用的函数有 Roberts、Sobel、Prewitt 和 Laplacian 等。

```
IDL > file = dialog_ pickfile( title ='选择文件')
IDL > img = read_ image( file)
IDL > sz = size( img)
IDL > ns = sz[ 1] &nl = sz[ 2]
IDL > ; 5 * 5 的均值滤波
IDL > img_ smooth_ 5 = smooth( img, 5)
IDL > window, 0, xsize = ns * 2 + 10, ysize = nl + 50
IDL > tvscl, img, 0, 50
IDL > tvscl, img_ smooth_ 5, ns + 10, 50
IDL > xyouts, ns * 0.5, 20, 'ogiimg, alignment = 0.5, /device
IDL > xyouts, ns * 1.5 + 10, 20, 'measmoothimage( 5 * 5)', $ > alignment = 0.5, /device
```

6.2.5　图像几何变换

图像几何变换是指对图像进行裁剪、重采样、图像转置、旋转等操作过程，下面以图像裁剪为例，简单介绍图像的几何变换。图像裁剪实质上是对数组取子集的操作，原始图像可看做是二维或三维数组。图像裁剪的代码及裁剪效果如图 6-14 所示。

```
file = dialog_ pickfile(title ='选择需要裁剪的图像')
IDL > img = read_ image(file)
IDL > size = size(img)
IDL > ns = size[2]&nl = size[3]
IDL > window, 0, title ='原始图像', xsize = ns, ysize = nl
IDL > tv, img, true = 1；显示原始图像；裁剪得到原图像左下角 1/4 的图像
IDL > img_ clip = img[ * , 0：ns/2 - 1, 0：nl/2 - 1]
IDL > size_ clip = size(img_ clip)
IDL > ns_ clip = size_ clip[2]&nl_ clip = size_ clip[3]
IDL > window, 1, title ='裁剪结果', xsize = ns_ clip, ysize = nl_ clip
IDL > tv, img_ clip, true = 1；显示裁剪结果
```

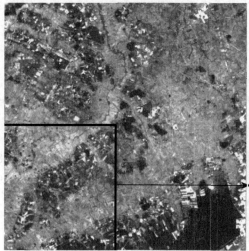
(a)原始图像

(b)裁剪结果

图 6-14　原始图像及裁剪结果

6.2.6　图像数学运算

　　IDL 提供了强大的数学运算功能，常用的有随机数、相关分析和回归分析等。下面展示了一个多元线性回归的计算实例。

```
PROREGRESS
  x1 = [0. 325489, 0. 455899, 0. 455324, 0. 123213, 0. 321321]
  x2 = [0. 6584, 0. 425958, 0. 3211, 0. 65, 0. 234326]
  x3 = [0. 73322, 0. 494149, 0. 31448, 0. 449, 0. 543678]
  x4 = [0. 64211, 0. 384135, 0. 29430, 0. 03, 0. 182643]
  x5 = [0. 73410, 0. 495917, 0. 4280, 0. 3321, 0. 128592]
  x6 = [0. 6516, 0. 432396, 0. 31057, 0. 123895, 0. 294854]
  X = [[x1], [x2], [x3], [x4], [x5], [x6]]
  Y = [0. 3123000, 0. 5238000, 0. 430000, 0. 655000, 0. 5551000, 0. 45329000]
; 初始化高斯误差
measure_ errors = REPLICATE(0. 5, N_ ELEMENTS(Y))
```

```
; 多元线性回归
  result = REGRESS( X, Y, SIGMA = sigma, CONST = const, $
     MEASURE_ ERRORS = measure_ errors)
; a1_ a5 即 a1、a2、a3、a4、a5
  a1_ a5 = result
  a0 = const
  y1 = a0 + TOTAL( a1_ a5 * x1)
  y2 = a0 + TOTAL( a1_ a5 * x2)
  y3 = a0 + TOTAL( a1_ a5 * x3)
  y4 = a0 + TOTAL( a1_ a5 * x4)
  y5 = a0 + TOTAL( a1_ a5 * x5)
  y6 = a0 + TOTAL( a1_ a5 * x6)
PRINT, '计算结果：', y1, y2, y3, y4, y5, y6
PRINT, '已知的值：', Y
END
```

IDL > regress

% Compiled module：REGRESS.

计算结果：　0. 312298　0. 523800　0. 430003　0. 655001　0. 555099　0. 453289

已知的值：　0. 312300　0. 523800　0. 430000　0. 655000　0. 555100　0. 453290

6.2.7　ENVI 二次开发

(1)ENVI 二次开发常用关键字

FID：文件 ID(FID)是一个长整型的标量。FID 为 ENVI 的程序员提供了一个命名变量，可以被数个 ENVI 程序所使用，用以打开或选择文件。ENVI 程序对该文件进行的所有操作都是通过 FID 完成的。但是，如果用户同时使用 IDL 直接读取文件，这种情况下 FID 和 LUN 不是等同的。

DIMS：dims[1]为列的起始位置，dims[2]为列的终止位置，dims[3]为行的起始位置，dims[4]为行的结束位置。

NB：文件的波段数。

NL：文件的行数。

NS：文件的列数。

OUT_ BNAME：输出波段名字。

OUT_ NAME：输出文件的名称。

POS：例如，POS[2, 3]表示文件的第三波段和第四波段。

R_ fid：ENVI 处理程序所产生的影像结果也包括一个 R_ FID，或者称为返回 FID 关键字。如果结果是存在内存中的，则设置 R_ FID 关键字是访问该数据的唯一方法。在掩模处理程序还包括一个 M_ FID，或者称为掩模 FID 关键字，用于确定用作掩模波段的文件。

（2）ENVI 二次开发常用函数

ENVI_ PICKFILE：该函数产生一个提示用户选择文件的对话框。该函数产生的界面与使用 ENVI 主菜单选择 File ＞ Open Image File 产生的界面相同。该函数并不真正的打开文件，它只是以字符串的形式返回用户所选择的全路径文件名。

ENVI_ SELECT：产生对话框提示用户从 ENVI 已经打开的文件中选择一个文件。该函数产生 ENVI 标准的文件选择对话框，其中包括空间和波谱子区裁剪按钮，以及掩模波段选取按钮。

ENVI_ OPEN_ FILE：该函数返回一个文件的 FID，它是打开 ENVI 文件最直接和简单的方法。默认情况下它将文件信息添加到可用波段列表中，通过使用 NO_ REALIZE 可以阻止文件信息加入到可用波段列表中。

ENVI_ GET_ FILE_ IDS：该函数返回所有当前打开文件的 FID。

ENVI_ OPEN_ DATA_ FILE：该函数打开 ENVI 所支持的外部文件（通过关键字指定文件类型）并返回 FID。

ENVI_ GET_ DATA：该函数从一个打开的文件中获取影像数据，它每次只返回某一波段的数据。如果所需的空间数据不止一个波段，必需多次调用该程序以获得该相应波段的数据。数据的范围由 DIMS 关键字控制。

ENVI_ GET_ SLICE：该函数从一个打开的文件中获取波谱影像数据，它返回影像某一行所有波段的数据值。结果以 BIP 或 BIL 的格式返回。

ENVI_ WRITE_ ENVI_ FILE：该函数可以将 IDL 中的数组保存为 ENVI 标准格式，需要指定波段数、列数、行数（NB、NS、NL）等必需属性。输出一个二进制文件和 hdr 头文件，可以直接使用 ENVI 打开。

ENVI_ SETUP_ HEAD：当我们使用 IDL 的 WRITEU 函数能够产生 ENVI 格式的文件后，需要使用此函数生成 hdr 头文件。常用于分块处理。使用 OPEN 关键字，允许将影像文件输入到可用波段列表。该函数也能够返回磁盘上影像文件的 FID。

ENVI_ OUTPUT_ TO_ EXTERNAL_ FORMAT：该函数可以将 ENVI 标准等格式文件输出为其他格式，包括 ASCII 文本、JPEG2000、TIFF、NITF 等格式。

6.3　IDL 处理遥感图像实例

6.3.1　植被提取实验

植被是陆地表面各种植物组成的各种植物群落的总称。由于植物内部所含的色素、水分以及它的结构等控制着植物特殊的光谱响应，因此，植被信息可以通过遥感有效地获取。由此，植被指数已被广泛用来定性和定量评价植被覆盖状况及其生长活力。

1）模型说明

（1）比值植被指数

比值植被指数 *RVI* 是由 Jordan 提出的一种植被指数，它通过植被在红光和近红外波段反射率的比值来表示，表达式为：

$$RVI = \frac{B4}{B3} \tag{6-1}$$

式中　B3——红光波段；

　　　B4——近红外波段；

　　　RVI 远大于 1——绿色健康植被覆盖地区；

　　　$RVI > 2$——植被发育区；

　　　RVI 接近 1——无植被覆盖的裸地或植被已枯死地区。

（2）归一化植被指数

针对浓密植被的 RVI 会出现无穷大的情况，Derring 提出了归一化植被指数 $NDVI$，其表达式为：

$$NDVI = \frac{B4 - B3}{B4 + B3} \tag{6-2}$$

$NDVI$ 的计算结果在 $[-1, 1]$ 范围内。$NDVI < 0$ 表示地物对可见光高反射（主要为水体、云、雪等）；$NDVI > 0$ 表示有植被覆盖，$NDVI$ 接近 0 表示地物为裸地或岩石。

（3）差值植被指数

差值植被指数 DVI 通过两个波段之间的差值来定义，表达式为：

$$DVI = B4 - B3 \tag{6-3}$$

DVI 对土壤背景的变化非常敏感，适用于检测植被的生态环境状况，但当植被覆盖率 $> 80\%$ 时灵敏度下降，因此，对低中覆盖率或早中期发育情况下的植被检测更有效。

2）基于 TM 影像的植被提取实验

以下提取结果中，白色部分代表植被信息，白色越亮，植被覆盖率越高。

（1）RVI 实验（图 6-15）

```
PRO rvi
inputfilename ='D：\ temp \ data \ 基础数据 \ 研究区 1999. 11. 23 '
ENVI_ open_ file, inputfilename , r_ fid = fid
ENVI_ file_ query, fid, dims = dims
t_ fid = [ fid, fid, fid, fid]
pos = [ 1, 2, 3, 4]
exp ='（float（b4）/float（b3））'；比值植被指数
out_ name ='d：\ resultrvi. img '
ENVI_ doit, 'math_ doit ', fid = t_ fid, pos = pos, dims = dims, exp = exp, out_ name = out_ name, r_ fid = r_ fid
end
```

（a）原始图像　　　　　　　　　　（b）*RVI* 提取结果

图 6-15　原始图像和 *RVI* 提取结果

（2）*NDVI* 实验（图 6-16）

```
PROnvdi
inputfilename ='D：\ temp \ data \ 基础数据\ 研究区 1999.11.23'
ENVI_ open_ file, inputfilename , r_ fid = fid
ENVI_ file_ query, fid, dims = dims
t_ fid = [fid, fid, fid, fid]
pos = [1, 2, 3, 4]
exp ='( float( b4) − float( b3) )/( float( b4) + float( b3) )' ; 归一化植被指数
out_ name ='d：\ result. img'
ENVI_ doit, 'math_ doit' , fid = t_ fid, pos = pos, dims = dims, exp = exp, out_ name = out_ name, r_ fid = r_ fid
end
```

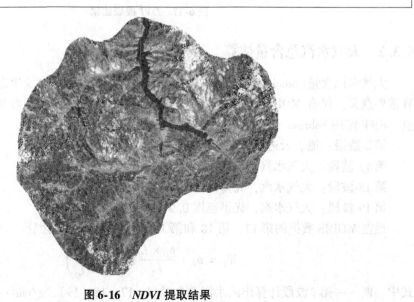

图 6-16　*NDVI* 提取结果

107

(3) DVI 实验(图 6-17)

```
PRO dvi
inputfilename ='D：\ temp \ data \ 基础数据 \ 研究区 1999. 11. 23 '
ENVI_ open_ file, inputfilename , r_ fid = fid
ENVI_ file_ query, fid, dims = dims
t_ fid = [fid, fid, fid, fid]
pos = [1, 2, 3, 4]
exp ='float(b4) -float(b3)'；差值植被指数
out_ name ='d：\ resultdvi. img'
ENVI_ doit, 'math_ doit', fid = t_ fid, pos = pos, dims = dims, exp = exp, out_ name = out_ name, r_ fid
 = r_ fid
end
```

图 6-17　DVI 提取结果

6.3.2　大气水汽总含量估算

大气水汽含量(precipitable water vapor, *PWV*)对遥感定量化及生态环境方面的研究具有重要意义。结合 MODIS 数据第 2、第 17、第 18 和第 19 四个近红外通道的水汽吸收特点, *PWV* 使用 Sobrino 于 2003 年提出的公式进行计算。

第 2 波段：地、云边界, 光谱范围 0. 841~0. 876μm。

第 17 波段：大气水汽, 光谱范围 0. 890~0. 920μm。

第 18 波段：大气水汽, 光谱范围 0. 931~0. 941μm。

第 19 波段：大气水汽, 光谱范围 0. 915~0. 965μm。

根据 MODIS 数据的第 17, 第 18 和第 19 波段计算水汽总含量：

$$W_i = a_i + \frac{b_i \times L_i}{L_2} + c_i \times \left(\frac{L_i}{L_2}\right)^2 \tag{6-4}$$

式中　W_i——第 i 波段计算出的水汽总含量(i = 17, 18, 19), g/cm^2；

a，b，c——均为经验常数；

L_i——第 i 波段的辐射亮度($i=17$，18，19)；

L_2——第 2 波段的辐射亮度。

由于不同波段对水汽吸收有不同的敏感度，因此，根据 3 个波段分别计算出水汽含量值各不相同。综合 3 个波段的水汽计算结果求出平均水汽含量：

第 17 波段的系数值：$a=26.314$，$b=-54.434$，$c=28.449$

第 18 波段的系数值：$a=5.012$，$b=-23.017$，$c=27.884$

第 19 波段的系数值：$a=9.446$，$b=-26.887$，$c=19.914$

$$W = 0.192 \times W_{17} + 0.453 \times W_{18} + 0.355 \times W_{19} \tag{6-5}$$

式中　W——平均水汽含量；

W_{17}，W_{18}，W_{19}——分别为第 17、第 18、第 19 波段计算出的水汽含量。

数据采用 MYDO9A1 500M 地表反射率 8d 合成产品，行编号和条带号为 H22V02。下图为缩略图和在 ENVI 中打开的效果(图 6-18)。

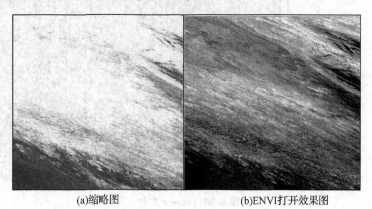

(a)缩略图　　　　　　　　　(b)ENVI打开效果图

图 6-18　数据显示

```
provapor
file = dialog_ pickfile(title ='请选择数据')
ENVI_ open_ file, file, r_ fid = fid
ENVI_ file_ query, fid, ns = ns, nl = nl, nb = nb, dims = dims, data_ type = data_ type, interleave = inter-
leave, offset = offset
map_ info = ENVI_ get_ map_ info(fid = fid)
   l2 = ENVI_ get_ data(fid = fid, dims = dims, pos = 0)
   l17 = ENVI_ get_ data(fid = fid, dims = dims, pos = 1)
   l18 = ENVI_ get_ data(fid = fid, dims = dims, pos = 2)
   l19 = ENVI_ get_ data(fid = fid, dims = dims, pos = 3)
   w17 = 26.314 - 54.434 * (l17/l2) + 28.449 * (l17/l2)^2
   w18 = 5.012 - 23.017 * (l18/l2) + 27.884 * (l18/l2)^2
   w19 = 9.446 - 26.887 * (l19/l2) + 19.914 * (l19/l2)^2
   result = 0.192 * w17 + 0.453 * w18 + 0.355 * w19
r_ file = dialog_ pickfile(title ='结果保存为')
ENVI_ write_ ENVI_ file, result, out_ name = r_ file, nl = nl, nb = 1, data_ type = 4, interleave = 0, off-
set = offset, map_ info = map_ info
end
```

计算完成后生成如下文件，可用 IDL 或者 ENVI 打开查看(图 6-19，图 6-20)。

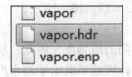

图 6-19　生成文件显示图

图 6-20　vapor 文件

可以在控制台对生成的结果进行查询。代码如下：

```
ENVI > help, result
RESULT              DOUBLE      = Array[2400, 2400]
ENVI > file = dialog_ pickfile(title = '选择文件')
ENVI > file = ENVI_ pickfile(title = '选择文件')
ENVI > ENVI_ open_ file, file, r_ fid = fid
ENVI > help, fid
FID                 LONG        =              11
ENVI > ENVI_ file_ query, fid, ns = ns, nl = nl
ENVI > print, ns, nl
        2400        2400
```

思考题

1. 请尝试列举 IDL 的基本数据类型，并根据自己的理解阐述哪些是 IDL 重要的数据类型？

2. 请列举出数组相关的函数。

3. 如何控制程序的结构？

4. 读取图像要用哪些函数？有什么区别？读取图像的流程是什么？

5. IDL 可以对遥感图像进行哪些处理？尝试举例说明。

6. IDL 处理遥感图像的实例与在 ENVI 软件中操作有什么区别？

第**7**章

MATLAB 入门及应用

MATLAB 是 matrix laboratory 的缩写，意为矩阵工厂（矩阵实验室），是 MathWorks 公司出品的商业数学软件，是用于算法开发、数据可视化、数据分析以及数值计算的高级计算机语言和交互式环境。MATLAB 由 LINPACK（Linear System Package）和 EISPACK（Eigen System Package）项目开发，最初用于矩阵处理。今天，MATLAB 已发展成为适合多学科、跨平台的大型实用科学计算软件，广泛应用于工程计算、控制设计、图像处理、信号检测、金融建模设计与分析等众多领域。

MATLAB 之所以能迅速发展是因为其有诸多的优点。MATLAB 作为强大的科学计算机语言，其算法的实现比用 C 语言等更容易，其丰富的函数库和工具箱涵盖了工程与科学的大多数领域。MATLAB 同时具有强大的图形图像处理功能和数据可视化功能，不仅具有一般图形图像处理软件及可视化工具所具有的功能，而且还添加了其他软件没有的功能。MATLAB 支持多种计算机操作系统，在一个平台编写的程序，可以在其他平台正常运行，同时提供了多种程序接口，可实现与 Fortran、C 和 Basic 等语言之间的连接，最大限度地利用各种编程语言的优势。

本章将介绍 MATLAB 的基础知识以及利用 MATLAB 处理遥感影像的具体应用实例。

7.1 MATLAB 基础

7.1.1 MATLAB 操作界面

1）MATLAB 窗口

在正确安装 MATLAB R2015a 之后，运行 MATLAB R2015a 命令，或者直接双击桌面上的 MATLAB 图标，启动 MATLAB R2015a，进入 MATLAB 主界面。MATLAB 的用户界面包含 4 个常用窗口，如图 7-1 所示。

(1) 命令窗口（command window）

命令窗口位于 MATLAB 操作界面的中间区域，MATLAB 命令提示符为"＞＞"，在 ＞＞ 后面输入命令，如数值运算命令，然后按下 Enter 键，MATLAB 命令窗口中会显示结果，如果没有变量，系统会将结果自动赋予变量名 ans。例如，计算一个矩阵和一个数的乘积，

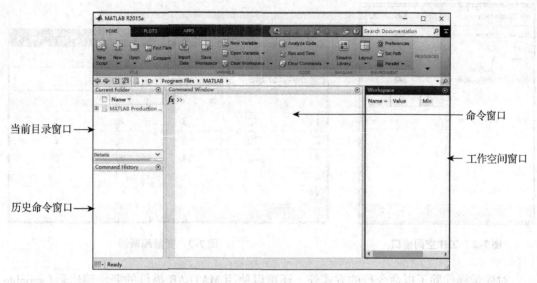

图 7-1 **MATLAB 界面**

可输入如下命令：

```
> >[234；456；221]＊2
ans =
468
81012
442
```

当需要解决复杂问题时，可通过"＝"给变量赋值，并存储变量；若要禁止显示计算的中间结果，则可通过"分号"来实现；百分号"％"是 MATLAB 中的注释符。上例结果也可通过下面的方法得到：

```
> > A =[234；456；221]＊2;%计算一个数与矩阵的乘积
> >   A

A =

468
81012
   442
```

（2）工作空间窗口（workspace）

工作空间窗口用于显示变量的名称、大小及数据类型等，可以通过工作空间窗口对变量进行观察、编辑、保存和删除等操作。MATLAB 在运行过程中会调用一些临时变量，这些变量在函数运行结束后将被释放，这些临时变量不会占用工作空间。工作空间窗口如图 7-2 所示。

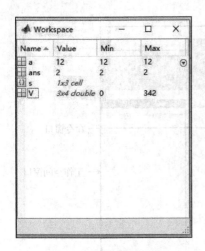

图7-2　工作空间窗口

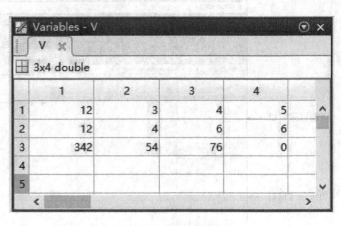

图7-3　变量编辑器

　　对变量操作除了以命令行的方式外，还可以使用 MATLAB 提供的变量编辑器(variable editor)(图7-3)。在变量编辑器中，数值保存在相应维数的格子中，双击方格中的数据可对数据进行编辑，如修改数据的值等。如果需要通过命令方式查看工作空间的情况，可以在命令窗口输入相应的命令，管理工作空间的常用命令见表7-1。

表7-1　管理工作空间的常用命令

命令	功　能
who	显示存储在工作空间全部变量的名称
whos	显示存储在工作空间全部变量的名称、大小、数据类型等详细信息
clear	从工作空间中清楚变量和函数
save	保存工作空间变量
size	size(V)，得到矩阵 V 的行数和列数
disp	显示变量

(3)历史命令窗口(command history)

　　历史命令窗口用于记录用户在命令窗口已执行的命令行，在历史命令窗口可对这些历史命令进行查找和复制，并可对所选命令双击再次执行(图7-4)。

(4)当前目录窗口(current directory)

　　当前目录窗口用于显示及设置当前的工作目录，同时显示当前工作目录下文件的名称、类型和修改时间等信息，当前目录窗口如图7-5所示。设置当前目录还可在命令窗口输入如下命令：

图 7-4　历史命令窗口

图 7-5　当前目录窗口

```
> > cd ('D：\ 工作文件夹') ;
```

2) MATLAB 帮助系统

使用 MATLAB 解决实际应用问题时常需要查阅帮助文档，为快速解决问题提供有力支撑。

(1) 帮助窗口

用户可在命令窗口中输入 helpdesk 或 helpwin 来启动帮助窗口，通过帮助窗口中的主题、帮助索引和联机演示浏览需要的内容，帮助解决问题。

(2) help 命令

用户也可以在命令窗口输入 help 命令来了解相关函数的具体使用方法，如需要了解 fft 的相关知识，可在命令窗口输入如下命令：

```
> >help fft
```

(3) lookfor 命令

当不知道函数的确切名称时，可通过在命令窗口中输入 lookfor 命令，系统将按关键字进行匹配，找出相关的信息。

7.1.2　MATLAB 语言基础

1) 变量及其赋值

(1) 标识符

标识符是标识变量、常量、函数和文件名称字符串的总称。标识符可以是英文字母、数字和下划线等符号。标识符第一个字符必须是英文字母，且 MATLAB 可对英文大小字母予以区分。

(2)矩阵及其元素赋值

赋值是指把数赋予代表常量或变量的标识符。在 MATLAB 中，变量都是矩阵，列矢量可被当作只有一列的矩阵，行矢量可被当作只有一行的矩阵，标量也应看成 1×1 阶的矩阵。赋值语句的一般形式如下：

$$变量 = 表达式(数)$$

```
> > x = 1;
> > y = x + 2;
```

在输入矩阵时应遵循以下规则：

整个矩阵的值应放在方括号中，同一行元素之间以逗号或者空格分开，不同行元素用分号隔开。

```
> > A = [1, 2, 3; 4, 5, 6; 7, 8, 9]

A =

123
456
789
```

(3)变量的元素标注

在 MATLAB 中，变量的元素用括号"( )"中的数字(下标)来注明，一维矩阵(数组)中的元素用一个下标表示，二维矩阵中的元素用两个下标表示，中间用逗号分开。

```
> > A = [1232456];
> > A(3)

ans =

4
> > B = [1234; 23435; 5467];
> > B(2, 1)

ans =

23
```

(4)特殊矩阵和数组

①单位矩阵函数 eye( )：可产生主对角线全是 1，其他元素都为 0 的单位矩阵。

②zeros( ) 函数：产生一个元素全是 0 的零矩阵。

③ones( ) 函数：产生一个元素全是 1 的矩阵。

④rand( )函数：生成一个元素在(0，1)区间内的随机矩阵。

⑤randn( )函数：产生一个元素均值为 0，方差为 1 的随机矩阵。

⑥linspace( )函数：产生线性等间距格式的行向量。

2）运算符及矩阵运算

（1）MATLAB 运算符

①算数运算符：其功能是进行数值计算，算术运算符见表 7-2。

表 7-2　算数运算符

算数运算符	功能说明	算数运算符	功能说明
+	加	\	矩阵左除
−	减	.\	向量左除
*	矩阵乘	/	矩阵右除
.*	向量乘	./	向量右除
^	矩阵乘方	'	矩阵转置
.^	向量乘方	.'	向量转置

②关系运算符：其功能是比较两个操作数的大小，关系运算符见表 7-3。

表 7-3　关系运算符

关系运算符	功能说明	关系运算符	功能说明
= =	等于	<	小于
~ =	不等于	> =	大于等于
>	大于	< =	小于等于

③逻辑运算符：其功能是进行逻辑运算，逻辑运算符见表 7-4。

表 7-4　逻辑运算符

逻辑运算符	逻辑运算	功能说明
&	And	逻辑与
|	Or	逻辑或
~	Not	逻辑非

（2）矩阵运算

①矩阵的代数运算：矩阵的基本算数运算有 +（加）、−（减）、*（乘）、/（右除）、\（左除）。

下面是一些矩阵运算的实例：

```
>> A = [12; 34];
>> B = [56; 78];
>> A + B % 矩阵的加法
ans =
68
1012

>> A - B % 矩阵的减法
ans =
-4 -4
```

```
-4 -4
>> A * B % 矩阵的乘法
ans =
1922
4350
>> A/B % 矩阵右除，结果即 X * B = A 的解 A * inv(B)
ans =
3.0000 - 2.0000
2.0000 - 1.0000

>> A \ B % 矩阵左除，结果即方程 A * X = B 的解 inv(A) * B
ans =
-3 -4
45
```

在 MATLAB 中，有 . *（点乘）、./（点右除）、. \ （点左除）和 .^（点乘方）四种点运算。两个矩阵进行点运算是指他们的对应元素进行相关运算，要求两矩阵的维数相同。

```
>> A = [12; 34]; B = [56; 78];
>> A. * B  % . *（点乘）
ans =
512
2132
>> A. /B  % . /（点右除）
ans =
0. 20000. 3333
0. 42860. 5000
>> A. ^2% . ^（点乘方）
ans =
14
916
```

```
＞＞ B. ^B ％对应举证元素之间的乘方
ans ＝
312546656
82354316777216
```

②矩阵的关系与逻辑运算：矩阵关系与逻辑运算中，"真"用"1"表示，"假"用"0"表示；在逻辑运算中，所有非零元素均按"1"来处理，和一般的关系与逻辑运算时相同的。

若参与关系与逻辑运算的是两个同维矩阵，则运算将对矩阵相同位置上的元素按标量规则逐个进行比较或运算。最终运算结果是一个与原始矩阵同维的矩阵，其元素由"0"或"1"组成。

若参与关系与逻辑运算的一个是标量，一个是矩阵，则运算将在标量与矩阵中的每个元素之间按标量规则逐个进行比较或运算。最终运算结果是一个与矩阵同维的矩阵，其元素由"0"或"1"组成。

```
＞＞ A ＝［103；75］；B ＝［28；97］；A ＞B ％同维矩阵的关系运算
ans ＝
10
00
＞＞ A｜B   ％同维矩阵的逻辑或运算
ans ＝
11
11
＞＞ a ＝4；A ＝［10；79］；a ＜ ＝A   ％标量与矩阵的关系运算
ans ＝
00
11
＞＞ a ＝2；A ＝［23；96］；a&A ％标量与矩阵的逻辑与运算
ans ＝
11
11
```

3）流程控制结构

（1）循环结构

MATLAB 中有 for 循环和 while 循环两种循环方式。在 while 循环中，循环体重复次数不确定，只要满足定义的条件，循环就进行下去；而在 for 循环中，代码的重复次数是确定的，在循环开始之前，就需要确定循环体重复的次数。

①for 循环的语法代码如下：

```
forindex = start：increment：end
statement
end
```

例如，求 1~100 的和，在 MATLAB 命令窗口输入如下代码：

```
>> X = 0;
>> for i = 1:100
        X = X + i;
end
>> X
X =
5050
```

for 循环可以嵌套使用，如果一个循环完全出现在另一个循环当中，称这两个循环为带嵌套的循环。下面的例子用两个 for 循环嵌套来计算九九乘法表并打印结果。

```
>> for i = 1:9
for j = 1:i
fprintf('%d * %d = %d ', i, j, i*j);
end
fprintf('\n');
end
1*1 = 1
2*1 = 22*2 = 4
3*1 = 33*2 = 63*3 = 9
4*1 = 44*2 = 84*3 = 124*4 = 16
5*1 = 55*2 = 105*3 = 155*4 = 205*5 = 25
6*1 = 66*2 = 126*3 = 186*4 = 246*5 = 306*6 = 36
7*1 = 77*2 = 147*3 = 217*4 = 287*5 = 357*6 = 427*7 = 49
8*1 = 88*2 = 168*3 = 248*4 = 328*5 = 408*6 = 488*7 = 568*8 = 64
9*1 = 99*2 = 189*3 = 279*4 = 369*5 = 459*6 = 549*7 = 639*8 = 729*9 = 81
```

②while 循环的语法代码如下：

```
while expression
        statements
end
```

用 while 语句实现 1~100 的和，代码如下：

```
>> x = 0;
>> n = 0;
>> while x < 100
x = x + 1;
n = n + x;
end
>> x
x =
100
```

```
> > n
n =
5050
```

与 for 循环类似，while 循环也可以嵌套使用。例如，如下嵌套的 while 循环会在 a 和 b 等于 9 时终止：

```
> > a = 1; b = 1;
> > while a < 9
while b < 9
fprintf('% d * % d = % d', a, b, a * b);
a = a + 1;
b = b + 1;
end
end
1 * 1 = 12 * 2 = 43 * 3 = 94 * 4 = 165 * 5 = 256 * 6 = 367 * 7 = 498 * 8 = 64 > >
```

(2) 选择结构

选择结构可以使 MATLAB 选择性执行指定区域的代码，而跳过其他区域的代码。选择结构在 MATLAB 中有 3 种具体的形式：if 结构、switch 结构和 try/catch 结构。

①if 结构：包括 if-end 结构、if-else-end 结构和 if-elseif-else-end 结构。

a. if-end 结构的基本语法为：

```
ifcondition
statements
end
```

其中，当条件表达式 condition 的值为真时，执行语句段 statements，否则不执行。例如，判断一个学生是否通过一门课，用 if 语句判断如下：

```
> > score = 85;
> > if score > = 60
    pass = 1;
end
> > pass
pass =
        1
```

b. if-else-end 结构的基本语法为：

```
ifcondition
statements_1
else
statements_2
end
```

其中，当条件表达式 condition 的值为真时执行语句段 statements_1，否则执行语句段 statements_2。例如，利用 rand( ) 函数产生随机数 x，然后判断其与 0.5 的大小并打印结果的语句段如下：

```
> > x = rand( 5)
x =
0. 4854 0. 7922 0. 9340 0. 6555 0. 0462
0. 8003 0. 9595 0. 6787 0. 1712 0. 0971
0. 1419 0. 6557 0. 7577 0. 7060 0. 8235
0. 4218 0. 0357 0. 7431 0. 0318 0. 6948
0. 9157 0. 8491 0. 3922 0. 2769 0. 3171
> > ifx( 3, 4) > 0. 5
      fprintf('x 大于 0. 5 \ n');
else
      fprintf('x 小于 0. 5 \ n');
end
x 大于 0. 5
```

c. if- elseif- else- end 结构的基本语法为：

```
if condition_ 1
    statements_ 1
elseif condition_ 2        % 这里可以有多个 elseif
    statements_ 2
else
    statements_ 3
end
```

在这种结构控制下，当运行至程序的某一条件表达式为真时，执行与之相关的语句段，而后系统不再检查其他的条件表达式，系统将跳过 if 结构中的其他语句。

```
> > a = 85;
if a < 60
fprintf('a 小于 60！ \ n');
elseif a > = 60&& a < 80
fprintf('a 值介于 60 – 80 之间');
else
fprintf('a 值大于 80！ \ n');
end
a 值大于 80！
```

if 结构的使用非常灵活，需要注意的是，它必须含有一个 if 语句和一个 end 语句，中间可以有任意个 elseif 语句，也可以有一个 else 语句。这样可根据实际的需要确定选择哪种结构。

②switch 结构：switch 结构是另一种形式的选择结构，又被称为开关结构。用户可以根据

一个单精度整形数、字符或逻辑表达式的值来选择执行特定的语句段。其基本语法格式为：

```
switch （switch_ expression）
case    case_ expression_ 1,
                statements_ 1
        case case_ expression_ 2,
        statements_ 2
            …
        otherwise,
            Statements_ other
end
```

例如，使用 switch 结构设计 MATLAB 程序，通过输入英文单词，将其转换成相应的中文，如输入"Wednesday"，输出"星期三"。

```
> > day = input('请输入英文星期如：Saturday \ n' , 's' );
请输入英文星期如：Saturday
Wednesday
> > switch day
case{' Sunday' , ' sunday' }
disp(' 星期日' );
case{' Monday' , ' monday' }
disp(' 星期一' );
case{' Tuesday' , ' tuesday' }
disp(' 星期二' );
case{' Wednesday' , ' wednesday' }
disp(' 星期三' );
case{' Thursday' , ' thursday' }
disp(' 星期四' );
case{' Friday' , ' friday' }
disp(' 星期五' );
case{' Saturday' , ' saturday' }
disp(' 星期六' );
otherwise
disp(' Error' );
end
星期三
```

③try/catch 结构：try/catch 结构是选择结构的一种特殊形式，用于捕捉错误。一般当 MATLAB 程序在运行时遇到了一个错误，这个程序就会终止执行，而 try/catch 结构修改了这种默认行为。

```
try
    statements_ try
catch
statements_ catch
end
```

(3)其他流程控制语句

①break 语句和 continue 语句：break 语句和 continue 语句用于循环中的流程控制，一般可以和 if 语句配合使用。break 语句用于终止循环，当循环体内执行到该语句时，程序跳出循环，继续执行循环语的下一语句。continue 语句控制跳过循环体中的某些语句，当循环体内执行到该语句时，程序将跳过循环体中所有剩下的语句，继续下一次循环。

如果 break 语句或 continue 语句出现在循环嵌套的内部，则 break 语句和 continue 语句将会在保护它的最内部循环起作用。

②return 语句：当用户需要在文件中进行终止操作时，可以使用 return 命令，执行 return 命令后，进程将返回调用函数或者键盘。运用 return 命令可以提前结束程序的运行。return 语句和 break 语句的区别在于 return 一般用于函数或者文件的结束，而 break 语句用于循环的终止。

4)M 脚本文件和 M 函数文件

MATLAB 有两种工作模式，一种是命令（指令）执行模式，即通过在 MATLAB 命令窗口逐条输入命令，MATLAB 逐条处理这条命令，并显示结果；另一种工作模式是 M 文件程序执行方式，即将 MATLAB 语言编写的程序储存为以".m"为扩展名的文件，然后再执行该程序文件。

(1)M 文件的创建与打开

用 MATLAB 自带的编辑器来创建 M 文件，M 文件编辑器如图 7-6 所示。在菜单栏 Home 选项卡下点击 New Script 或 New，可打开 M 文件编辑器。在点击 New 后，可以选择创建新的 M 脚本文件或者 M 函数文件，他们的扩展名均为".m"。也可以在命令窗口直接输入 edit 命令，也可以弹出 M 文件编辑器界面。此外，M 文件也可通过 Windows 的记事本或 Word 等创建。M 文件打开可通过点击 Open 后选择文件并打开，也可在当前目录窗口找到需要打开的文件路径，双击打开。

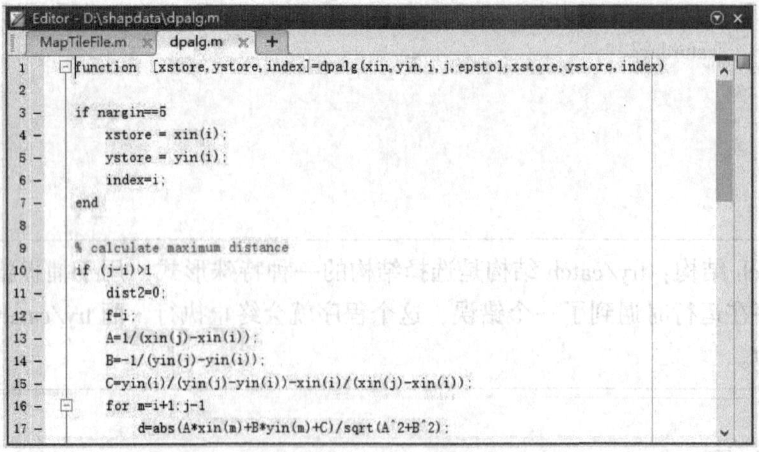

```
Editor - D:\shapdata\dpalg.m

MapTileFile.m × dpalg.m × +

1    function [xstore,ystore,index]=dpalg(xin,yin,i,j,epstol,xstore,ystore,index)
2
3    if nargin==5
4        xstore = xin(i);
5        ystore = yin(i);
6        index=i;
7    end
8
9    % calculate maximum distance
10   if (j-i)>1
11       dist2=0;
12       f=i;
13       A=1/(xin(j)-xin(i));
14       B=-1/(yin(j)-yin(i));
15       C=yin(i)/(yin(j)-yin(i))-xin(i)/(xin(j)-xin(i));
16       for m=i+1:j-1
17           d=abs(A*xin(m)+B*yin(m)+C)/sqrt(A^2+B^2);
```

图 7-6 M 文件编辑器

（2）M 文件的分类

M 文件可分为两种：命令文件（Script 文件）和函数文件（Function 文件），它们的扩展名均为".m"。

①命令文件：将用户在 MATLAB 环境下输入的多条语句或命令存放为".m"为后缀的文件，在命令行键入文件名，一次执行批量命令，来代替在命令窗口输入多条语句。

②函数文件：它是以特定规范书写的 M 文件。如果 M 文件的第一行包含 function，则此文件为函数文件。每个函数文件都定义一个函数，用户可根据自己的实际项目来编写函数文件。

（3）M 脚本文件

M 脚本文件中存储的事可用于自动重复执行的一组 MATLAB 命令和函数组合。建立 M 脚本文件等价于从命令窗口中顺序输入文件里的命令，程序不需要预先定义，只要依次将命令编辑在命令文件中，再将程序保存成扩展名为".m"的 M 脚本文件即可。

M 文件的执行方式有两种，第 1 种方式是在菜单栏中 Editor 选项卡下单击 Run 按钮；第 2 种方式是在命令窗口的命令提示符后输入 M 脚本文件的文件名。执行 M 脚本文件与直接在命令窗口输入 MATLAB 语句所产生的结果是相同的。

M 脚本文件执行时不需要输入输出参数，M 脚本文件分享命令窗口中的工作区，M 脚本文件可以调用工作空间已有的变量或创建新的变量。运行过程中产生的变量都是全局变量，所有在脚本文件中创建的变量在脚本文件运行之后仍然存在于工作区。

（4）M 函数文件

M 函数文件和 M 脚本文件的不同之处在于 M 函数文件运行在独立的工作区，一般要自带参数且返回结果。M 函数文件由 function 语句引导，说明此文件是一个函数，它通过输入参数列表接收输入数据，并将结果返回给输出参数列表。M 函数文件中所创建的变量都不是全局变量，仅在函数运行时有效，函数运行完毕之后，它所定义的变量将从工作空间中删除。

M 函数文件的基本形式如下：

```
function[ output_ args ] = Untitled( input_ args )
% UNTITLED Summary of this function goes here
%     Detailed explanation goes here



end
```

其中，function 语句标志函数的开始，输入函数列表显示在函数名后面的括号中，输出函数列表显示在等号左边的中括号中，如果只有 1 个输出参数，中括号可以省略。如果函数无确定返回值，只是进行某些操作，则也可以没有输出参数。

例如，编写 M 文件，求半径为 r 的圆的周长和面积。

```
function[s, l] = caculate_ circle(r)
% 计算圆的面积和周长
% 调用形式如[s, l] = caculate_ circle(3)
s = pi * r^2;
l = 2 * pi * r;



end
```

例如，求半径为 5 的圆的面积和周长，可调用上面的函数：

```
>>[s, l] = caculate_ circle(5)
s =
78. 5398
l =
31. 4159
```

通过分析 M 函数文件，可以总结出 M 函数文件的规律：

①函数名和文件名相同。例如函数 cmp 存储在名为 cmp. m 的文件中。

②function 语句的第 1 行注释被称为 H1 注释行，它是对函数功能的总结，并且可以通过 lookfor 命令将其搜索并显示出来。

③从 H1 注释行到第 1 个空行或第 1 个可执行语句之间的注释行称为帮助文本。帮助文本应写明函数的使用方法，包括基本功能、调用方式、参数说明、用例等。帮助文本和 H1 注释行可以通过 help 命令显示或通过帮助窗口搜索。

④函数应当对输入/输出参数进行判断，以增强函数功能及其健壮性。

7.1.3　遥感图像的读写

1) 读取遥感图像

遥感图像包括多个波段，有多种存储格式，但基本的通用格式有 3 种，即 BSQ、BIL 和 BIP 格式。除了通用格式外，典型的遥感图像格式有 TIFF 格式。

用 MATLAB 读取各种格式的遥感数据，是遥感图像处理的前提条件，只有将遥感图像读入 MATLAB 工作空间，才能进行后续的图像处理工作。

(1) BSQ 格式

利用 MATLAB 读取并显示 BSQ 格式遥感影像可参考以下代码(图 7-7)：

126

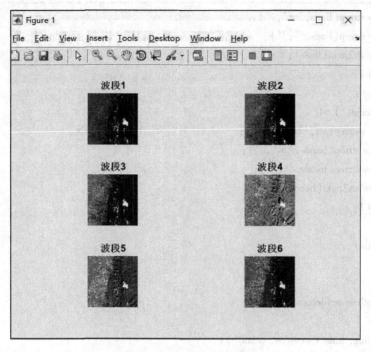

图 7-7　BSQ 格式遥感影像

```
clear all
clc
[filename pathname] = uigetfile(' * . * ',' 请选择 data \ 6.1.3 遥感图像的读写 \ BSQ 遥感影像数据文
件');
fid = fopen([pathname filename '. hdr']);
c = 0;
samples = 0;
lines = 0;
bands = 0;
str = fgetl(fid);
c = 0;
while(ischar(str)&&c < 3)
if strfind(str,' samples ') > 0
        samples = strrep(str,' samples ','');
        samples = strrep(samples,' = ','');
        samples = strrep(samples,'','');
        samples = str2num(samples);
        c = c + 1;
end
if strfind(str,' lines ') > 0
        lines = strrep(str,' lines ','');
```

```
            lines = strrep( lines, ' = ', '' );
            lines = strrep( lines, '', '' );
            lines = str2num( lines );
            c = c + 1;
    end
    if strfind( str, 'bands' ) > 0
            bands = strrep( str, 'bands', '' );
            bands = strrep( bands, ' = ', '' );
            bands = strrep( bands, '', '' );
            bands = str2num( bands );
            c = c + 1;
    end
        str = fgetl( fid );
    end
    fclose( fid );
    img = fopen( [ pathname filename ], 'rb' );
    for i = 1 : bands
        bi = fread( img, lines * samples, 'uint8' );
        band_ cov = reshape( bi, samples, lines );
        band_ cov2 = band_ cov';
        band_ uint8 = uint8( band_ cov2 );
        tif = imadjust( band_ uint8 );
        name = [ pathname filename '_' int2str(i) , '. tif' ];
    imwrite( tif, name, 'tif' );
        tilt = [ '波段', int2str(i) ];
        subplot( 3, 2, i ), imshow( tif ); title( tilt );
    end
    fclose( img );
```

(2) BIL 格式

利用 MATLAB 读取并显示 BIL 格式遥感指像可参考以下代码(图 7-8):

```
clear all
clc
[ filename pathname ] = uigetfile( ' * . * ', '请选择 data \ 6.1.3 遥感图像的读写 \ BIL 遥感影像数据文件' );
fid = fopen( [ pathname filename '. hdr' ] );
c = 0;
samples = 0;
lines = 0;
bands = 0;
str = fgetl( fid );
```

```
c = 0;
while(ischar(str) && c < 3)
if strfind(str, 'samples') > 0
        samples = strrep(str, 'samples', '');
        samples = strrep(samples, ' = ', '');
        samples = strrep(samples, '', '');
        samples = str2num(samples);
        c = c + 1;
end
if strfind(str, 'lines') > 0
        lines = strrep(str, 'lines', '');
        lines = strrep(lines, ' = ', '');
        lines = strrep(lines, '', '');
        lines = str2num(lines);
        c = c + 1;
end
if strfind(str, 'bands') > 0
        bands = strrep(str, 'bands', '');
        bands = strrep(bands, ' = ', '');
        bands = strrep(bands, '', '');
        bands = str2num(bands);
        c = c + 1;
end
    str = fgetl(fid);
end
fclose(fid);

for i = 1: bands
bi = zeros(lines, samples);
for j = 1: samples
img = fopen([pathname filename], 'rb');
  b1 = fread(img, (i - 1) * samples, 'uint8');
  b2 = fread(img, 1 * (j - 1), 'uint8');
bandline_ j = fread(img, lines, 'uint8', 1 * (bands * samples - 1));
   fclose(img);
  bi(:, j) = bandline_ j;
end
  band_ uint8 = uint8(bi);
  tif = imadjust(band_ uint8);
  name = [pathname filename '_' int2str(i), '.tif'];
imwrite(tif, name, 'tif');
  tilt = ['波段', int2str(i)];
  subplot(3, 2, i), imshow(tif); title(tilt);
end
```

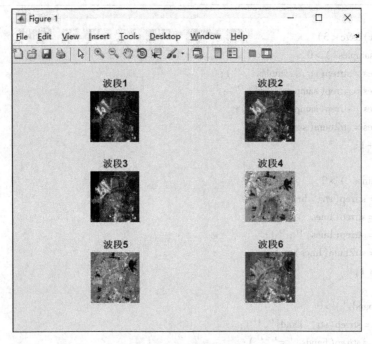

图7-8　BIL格式遥感影像

(3)BIP格式

利用MATLAB读取并显示BIL格式遥感影像，可参考以下代码(图7-9)：

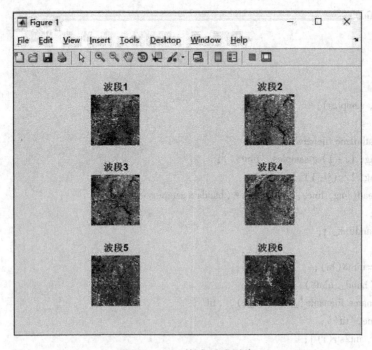

图7-9　BIP格式遥感影像

```
clear all
clc
[filename pathname] = uigetfile(' * . * ',' 请选择 data \ 6.1.3 遥感图像的读写 \ BIP 遥感影像数据文
件');
fid = fopen([pathname filename '. hdr']);
c = 0;
samples = 0;
lines = 0;
bands = 0;
str = fgetl(fid);
c = 0;
while(ischar(str)&&c < 3)
if strfind(str, 'samples') > 0
        samples = strrep(str, 'samples', '');
        samples = strrep(samples, ' = ', '');
        samples = strrep(samples, '', '');
        samples = str2num(samples);
        c = c + 1;
end
if strfind(str, 'lines') > 0
        lines = strrep(str, 'lines', '');
        lines = strrep(lines, ' = ', '');
        lines = strrep(lines, '', '');
        lines = str2num(lines);
        c = c + 1;
end
if strfind(str, 'bands') > 0
        bands = strrep(str, 'bands', '');
        bands = strrep(bands, ' = ', '');
        bands = strrep(bands, '', '');
        bands = str2num(bands);
        c = c + 1;
end
    str = fgetl(fid);
end
fclose(fid);
for i = 1: bands
img = fopen([pathname filename], 'rb');
  b0 = fread(img, i - 1, 'uint8');
  b = fread(img, lines * samples, 'uint8', (bands - 1));
  band1 = reshape(b, samples, lines);
```

```
    band2 = band1';
    band_ uint8 = uint8(band2);
    tif = imadjust(band_ uint8);
    name = [pathname filename '_' int2str(i), '. tif'];
imwrite(tif, name, 'tif');
    tilt = ['波段', int2str(i)];
subplot(3, 2, i), imshow(tif); title(tilt);
end
```

(4) TIFF 格式

遥感影像多以 TIFF 格式存储，如 Landsat-5 的 TM 数据为 TIFF 格式，图像数据后缀名为". tif"。MATLAB 支持多种图像格式，TIFF 格式遥感影像可通过 MATLAB 内置的 imread 函数直接读取。代码如下所示：

```
M = imread('d：\ data \ 6. 1. 3 遥感图像的读写 \ M. tif');
```

imread 函数支持多种格式的图像读取，但当处理无法通过内存一次性加载，需要用到分块读/写机制。在 MATLAB 中暂时只支持对 TIFF、TPEG、JPEG2000 等数据支持分块读写。影像数据可通过分块达到减少数量，然后再对各个影像块进行相关操作，最终完成对影像的整体操作。若存在参数' PixelRegion'，那么该参数的对应值为｛Rows，Cols｝，Rows 和 Cols 分别对应行和列。其形式一般为 3 个值，分别是起始位置、步距、终止位置。如果仅设置两个值，则步距默认为 1，这个用法可以将影像文件按指定区域读取出来，代码如下所示：

```
> > b1 = imread('d：\ data\ 6. 1. 3 遥感图像的读写 \ tif1. tif', 'PixelRegion',
{[0, 200], [0, 200]});
```

利用 MATLAB 读出并显示 TIFF 格式遥感影像，可参考以下代码(图 7-10)：

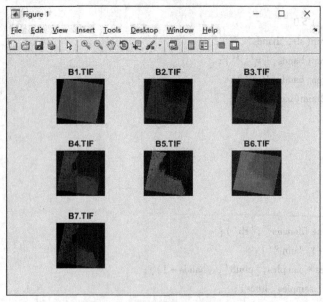

图 7-10　TIFF 格式遥感影像

```
clear all;
clc;
filepath = dir(fullfile('d: \ data \ 6.1.3 遥感图像的读写 \ TM','*.tif'));
lengthfile = length(filepath);
for i = 1: lengthfile
img = imread(strcat('d: \ data \ 6.1.3 遥感图像的读写 \ TM \ ', filepath(i).name));
  tilt = [filepath(i).name];
    subplot(3,3,i); imshow(img); title(tilt);
end
```

2) 写入遥感图像

写入遥感图像指将遥感图像保存到指定的磁盘上。

MATLAB 提供内置函数 imwrite 可以将遥感图像写到磁盘上, 该函数的语法为:

```
imwrite(M,'filename')
```

在该语法结构中, filename 包含的字符串必须是一种可识别的文件格式扩展名。换言之, 所要使用的文件格式要由第 3 个输入参量明确地指定。例如, 下面的命令可将图像 M 写为 TIFF 格式且名为 tm 的文件:

```
> > imwrite(M,'tm','tif')
或
> >imwrite(M,'tm.tif')
```

若 filename 中不包含路径信息, 则 imwrite 会将文件保存到当前的工作目录中。函数 imwrite 可以有其他的参数, 具体取决于所选的文件格式。

下面以 TIFF 格式图像保存为例, 示例代码如下(图 7-11):

```
> > a = zeros(256,256,'uint8');
> >a(:,1:64) = 0;
> >a(:,65:128) = 16;
> >a(:,129:192) = 32;
> >a(:,193:256) = 48;
> >imwrite(a,colormap,'d: \ data \ img_ save.tif');
> >subplot(1,1,1),imshow('d: \ data \ img_ save.tif');
```

上述代码首先创建一个二维矩阵, 该矩阵包含 4 条纵向的亮度带, 然后使用系统当前的颜色查找表 colormap, 使创建的二维矩阵能够解释为索引图像, 将这个索引图像写入到 img_ save.tif 中去(图 7-11)。

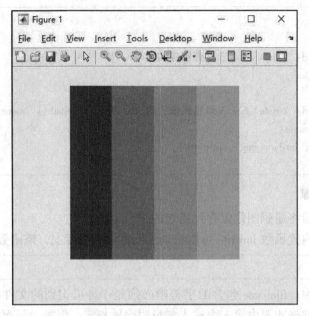

图7-11 img_ save. tif 图像

7.1.4 遥感图像的显示

MATLAB 提供了两类图像显示函数，一类是不附带坐标的显示函数，如 imshow、impixel、montage 等，本章中的遥感图像显示几乎都是使用 imshow 函数完成的；另一类是附带图像坐标的显示函数，如 image、imagesc、imhist 等，这类函数都是从 MATLAB 的 axis 类派生出来的，除了 imhist 函数用于显示图像直方图外，其他函数一般不使用。

（1）imshow 函数

由于 imshow 函数使用频繁，而且此函数具有诸多功能，下面详细介绍 imshow 函数。imshow 函数最常用、最简单的调用方式如下：

```
imshow(A)
```

其中，A 为输入图像，A 可以是表示灰度图像的 M×N 的矩阵，也可以是表示真彩色 RGB 图像的 M×N×3 的矩阵。在没有特殊要求的时候，使用这种调用方式即可。另外，A 也可以是图像文件名，如：

```
> > M = imread('d: \ data \ 6.1.4 遥感图像的显示 \ M. tif');
> >imshow(M);
```

直接使用 imshow 函数显示的是真实尺寸的图像，显示窗口如图 7-12 所示。

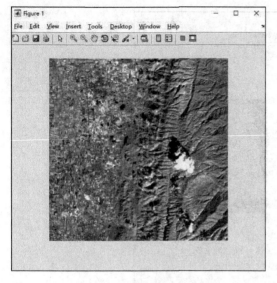

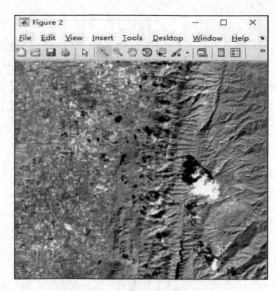

图 7-12　imshow 显示窗口　　　　　　**图 7-13　去掉显示窗口灰色边框**

有时，需要改变显示窗口的属性，这可以通过在 imshow 函数中添加附加属性来完成。imshow 函数能够添加的所有属性可通过帮助文档查看。

例如，可以通过'border'属性来去掉 imshow 显示窗口的灰色边框，代码如下：

```
>> M = imread('d：\ data \ 6. 1. 4 遥感图像的显示 \ M. tif');
>> figure, imshow(M, 'border', 'tight');
```

上述代码使用值为 tight 的 border 属性来去掉显示窗口的灰色边框，效果如图 7-13 所示。

imshow 函数具有调节拉伸灰度的功能，这可以通过以下调用形式来完成。

```
imshow(I, [lowhigh])
```

该函数显示图像 I，并通过[low high]来定义显示区域。图像数据 I 中所有小于 low 的像素都被显示为黑色，所有大于 high 的像素都被显示为白色。在[low high]中间的值将被归一至[low high]区间。如果用空参数[ ]，则相当于使用[min(I(:)) max(I(:))]作为参数。利用这个参数的属性，可以在显示图像的时候起到增强图像对比度的效果，如：

```
>> I = imread('d：\ data \ 6. 1. 4 遥感图像的显示 \ I. tif');
>> h1 = subplot(1, 2, 1), imshow(I);
>> h2 = subplot(1, 2, 2), imshow(I, [1080]);
```

上述代码将原始遥感图像的灰度区域拉伸显示，将原来显示不清的图像变得清晰，结果如图 7-14 所示。

（2）image 函数

image 函数是附带坐标的图像显示函数，因为 image 函数是将图像矩阵当作索引图像或 RGB 图像来显示的，所以在显示灰度图像时不是十分方便，在本章中极少使用该函数，其常用的调用形式如下：

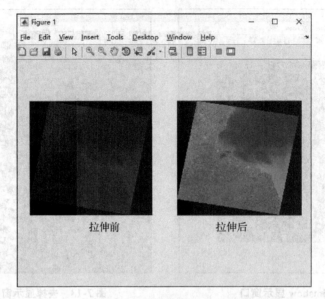

拉伸前　　　　　　　　　　拉伸后

图 7-14　imshow 函数进行灰度拉伸前后的图像

```
image(X)
```

其中，X 为输入图像，它可以表示索引图像的 M×N 的二维矩阵，也可以表示真彩色 RGB 图像的 M×N×3 的矩阵。当 X 是二维矩阵时，在 image 函数后应该跟上 colormap 函数来设置颜色查找表，如果要显示灰度图像，则应该附加 colormap(gray(256))语句，如：

```
>>[A, map] = imread('d：\ data \ 6. 1. 4 遥感图像的显示 \ A. tif')；
>> image(A)；
```

上述代码将三波段合成的真彩色 RGB 图像显示出来，如图 7-15 所示。

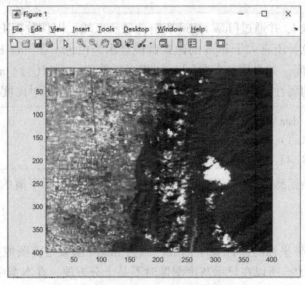

图 7-15　image 函数的显示图像

在进行遥感图像处理时，经常需要直接在图像中查看目标地物的像素值，MATLAB 中 impixelinfo 函数可直接在图像上动态地显示当前鼠标所指位置的像素值信息，该函数调用形式如下：

```
> > A = imread('d：\ data \ 6.1.4 遥感图像的显示 \ A.tif')；
> > image(A)；
> > impixelinfo；
```

上述代码执行完成后，会在图像的下方添加一条显示像素坐标与值的信息。

7.2 MATLAB 处理遥感图像实例

7.2.1 遥感影像分块线性对比度拉伸

本例介绍利用 blockproc 函数对影像分块处理，实现对比度拉伸的过程。

```
% paris.lan 图像是系统内的图像可查 matlab 帮助文档
input_ adapter = LanAdapter('paris.lan')；
input_ adapter.SelectedBands = [321]；
identityFun = @(block_ struct)block_ struct.data；
truecolor = blockproc(input_ adapter, [100100], identityFun)；
imshow(truecolor)；
title('truecolor composite(Un - enhanced)')；
```

第一步，MATLAB 构造了一个真彩色影像的矩阵，并显示出来(图 7-16)。

第二步，直接采用灰度线性拉伸的分块方法，对影像做增强处理，结果如图 7-17 所示。

图 7-16 原始真彩色合成图像(非增强)

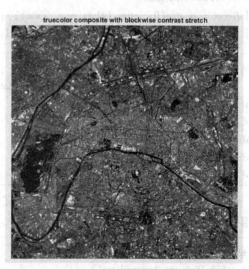

图 7-17 分块对比度拉伸后的真彩色图像

```
adjustFun = @ ( block_ struct ) imadjust( block_ struct. data, …
stretchlim( block_ struct. data ) );
truecolor_ enhanced = blockproc( input_ adapter, [ 100100 ], adjustFun );
figure;
imshow( truecolor_ enhanced )
title( 'truecolor composite with blockwise contrast stretch' )
```

从结果中可以看出，在影像中有较为明显的分块痕迹以及块与块之间明显的颜色差异，造成影像颜色不均。因此，需要进一步考虑如何消除直接分块处理的问题。

第三步，由于灰度线性拉伸处理函数 stretchlim 采用了整体影像的直方图信息，所以建立一个统计直方图信息的类。

```
classdef HistogramAccumulator < handle
    properties
        Histogram
        Range
end


    methods
function obj = HistogramAccumulator( )
obj. Range = [ ];
obj. Histogram = [ ];
end

function addToHistogram( obj, new_ data)
if isempty( obj. Histogram)
obj. Range = double( 0 : intmax( class( new_ data ) ) );
obj. Histogram = hist( double( new_ data( : ) ), obj. Range );
```

```
else
            new_ hist = hist( double( new_ data( : ) ), obj. Range );
obj. Histogram = obj. Histogram + new_ hist;
end
end
end
end
```

创建一个 HistogramAccumulator. m 的类文件后，接着上一步的主程序，调用该类，实现相应的处理。

```
% 创建 HistogramAccumulator 对象
hist_ obj = HistogramAccumulator( );
full_ image = imread( 'liftingbody. png' );
top_ half = full_ image( 1 : 256, : );
```

```
bottom_ half = full_ image(257: end, :);
hist_ obj. addToHistogram(top_ half);
hist_ obj. addToHistogram(bottom_ half);
computed_ histogram = hist_ obj. Histogram;
normal_ histogram = imhist(full_ image);
figure
subplot(1, 2, 1);
stem(computed_ histogram, 'Marker', 'none');
title('Incrementally Computed Histogram');
subplot(1, 2, 2);
stem(normal_ histogram', 'Marker', 'none');
title('IMHIST Histogram');
```

借助直方图统计类 HistogramAccumulator 完成了通过分块方式对影像直方图信息的统计，并与不分块方式的统计结果进行比对，确认分块方式与整体统计结果的一致性，如图 7-18 所示。

第四步，将直方图统计类 HistogramAccumulator 运用到分块处理的过程中，分别按波段做直方图统计，红波段的直方图如图 7-19 所示。

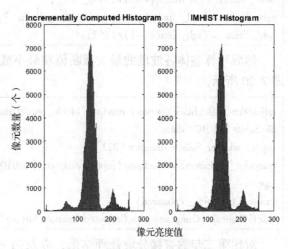

图 7-18　imhist 得到的直方图

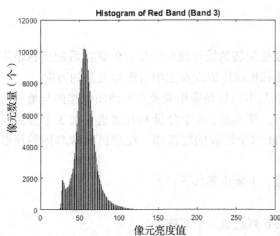

图 7-19　红波段的直方图

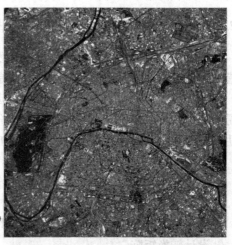

图 7-20　正确的分块对比度拉伸真彩色图像

计算各个波段的整体截断值，并归一化到[0，1]的取值范围。

```
computeCDF = @ (histogram) cumsum(histogram)/ sum(histogram);
findLowerLimit = @ (cdf)find(cdf > 0.01, 1, 'first');
findUpperLimit = @ (cdf)find(cdf > = 0.99, 1, 'first');
red_ cdf = computeCDF(red_ hist);
red_ limits(1) = findLowerLimit(red_ cdf);
red_ limits(2) = findUpperLimit(red_ cdf);
green_ cdf = computeCDF(green_ hist);
green_ limits(1) = findLowerLimit(green_ cdf);
green_ limits(2) = findUpperLimit(green_ cdf);
blue_ cdf = computeCDF(blue_ hist);
blue_ limits(1) = findLowerLimit(blue_ cdf);
blue_ limits(2) = findUpperLimit(blue_ cdf);
rgb_ limits = [red_ limits' green_ limits' blue_ limits'];
rgb_ limits = (rgb_ limits - 1)/(255);
```

然后计算整体各波段的最大截断值和最小截断值，再对彩色影像做分块处理。结果如图 7-20 所示。

```
adjustFcn = @ (block_ struct) imadjust(block_ struct. data, rgb_ limits);
% Select full RGB data.
input_ adapter. SelectedBands = [321];
truecolor_ enhanced = blockproc(input_ adapter, [100100], adjustFcn);
figure;
imshow(truecolor_ enhanced)
title('Truecolor Composite with Corrected Contrast Stretch')
```

对比第二步的直接分块处理结果，以及第三、四、五步之后的分块结果，不难看出，与前一种方式的结果相比，后一种方式不再产生分块边界明显以及颜色不均的问题。

7.2.2 基于缨帽变换的遥感影像处理

缨帽变换(K-T变换)是一种坐标空间发生旋转的线性组合变换，但旋转后的坐标轴不是指向主成分方向，而是指向与地物特别是和植被生成以及土壤有密切关系的方向。

用 MATLAB 编写代码实现缨帽变换，其基本思想是采用变换矩阵使图像指向与地物特别是和植被生长以及土壤有密切关系的方向。变换后，6 个分量相互垂直，前 3 个分量具有明确的地物意义：$y1$ 为亮度(实际上是 TM 六个波段的加权和，反映出图像总体的反射值)，$y2$ 为绿度，$y3$ 为湿度。

本例将介绍利用缨帽变换处理遥感影像，主要步骤如下：
①读取 6 个波段的图像。
②将每个波段的所有像素排成一列，共 6 列组成一个矩阵。
③设计转换矩阵。
④图像矩阵与转换矩阵相乘，得到 6 个相互垂直的分量。

⑤逐一显示各个分量。

MATLAB 代码如下：

```
clear all
clc
b1 = imread('D：\ data \ 6. 2. 2 基于缨帽变换的遥感影像处理 \ tif1. tif');
b2 = imread('D：\ data \ 6. 2. 2 基于缨帽变换的遥感影像处理 \ tif2. tif');
b3 = imread('D：\ data \ 6. 2. 2 基于缨帽变换的遥感影像处理 \ tif3. tif');
b4 = imread('D：\ data \ 6. 2. 2 基于缨帽变换的遥感影像处理 \ tif4. tif');
b5 = imread('D：\ data \ 6. 2. 2 基于缨帽变换的遥感影像处理 \ tif5. tif');
b6 = imread('D：\ data \ 6. 2. 2 基于缨帽变换的遥感影像处理 \ tif6. tif');
[x, y] = size(b1);
img0 = [reshape(b1, x * y, 1), reshape(b2, x * y, 1), reshape(b3, x * y, 1), reshape(b4, x * y, 1),
reshape(b5, x * y, 1), reshape(b6, x * y, 1)];
img0 = double(img0);
KT_ tm = [0. 3561, 0. 3972, 0. 3904, 0. 6966, 0. 2286, 0. 1596;
 -0. 3344, -0. 3544, -0. 4556, 0. 6966, -0. 0242, -0. 2630;
0. 2626, 0. 2141, 0. 0926, 0. 0656, -0. 7629, -0. 5388;
0. 0805, -0. 0498, 0. 1950, -0. 1327, 0. 5752, -0. 7775;
 -0. 7252, -0. 0202, 0. 6683, 0. 0631, -0. 1494, -0. 0274;
0. 4000, -0. 8172, 0. 3832, 0. 0602, -0. 1095, 0. 0985];
img1 = img0 * KT_ tm';
min0 = min(img1);
max0 = max(img1);
dm = max0 - min0;
img11 = img1 - repmat(min0, x * y, 1);
img2 = (img11. /repmat(dm, x * y, 1)) * 255;
image = reshape(img2, x, y, 6);
figure, imshow(uint8(image(:, :, 1))), title('KT 变换第一分量：亮度');
figure, imshow(uint8(image(:, :, 2))), title('KT 变换的第二分量：绿度');
figure, imshow(uint8(image(:, :, 3))), title('KT 变换的第三分量：湿度');
figure, imshow(uint8(image(:, :, 4))), title('KT 变换的第四分量：黄度指数及噪声');
```

运行结果如图 7-21 所示。

7. 2. 3　遥感图像主成分分析

遥感多光谱影像波段多，信息量大，对图像解译很有价值。但数据量太大，在图像处理计算时，也常常耗费大量的机时，占据大量的磁盘空间。实际上，一些波段的遥感数据之间都有不同程度的相关性，存在着数据冗余。主成分变换是图像分析与模式识别的重要工具，用于特征抽取，降低特征数据的维数；主成分变换还可用于图像压缩时实现有损压缩和无损压缩；主成分变换后的 N 幅图像统计上互不相关，因此主成分变换可以去除图像数据的相关性，提取主要信息。

(a)KT变换的第一分量：亮度　　　　　　(b)KT变换的第二分量：绿度

 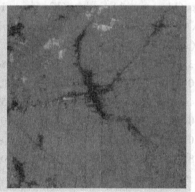

(c)KT变换的第三分量：湿度　　　　　(d)KT变换的第四分量：黄度指数及噪声

图 7-21　缨帽变换结果图像

本实例用 MATLAB 程序对 6 个波段的遥感图像的进行主成分分析。算法描述如下：

主成分变换过程：

①读取 6 个波段的图像。

②将每个波段的所有像素存成一列，共六列，形成 N＊6 矩阵。

③求出每个波段的平均像素值。

④利用算出的平均像素值，求 N＊6 矩阵的协方差阵。

⑤求协方差阵的特征值与特征向量。

⑥将特征值按从大到小排列，特征向量与特征值对应。

主成分的逆变换过程：

①确定保留的波段数。

②将去除的波段用 0 值替代。

③将去噪后的 PCA 结果 SCORE＊inv（COEFF）。

④去中心化（各波段加上其均值）。

⑤重新排列图像行列数。

MATLAB 代码如下：

```
clear all
clc
num_ band = 6;
b1 = imread('D: \ data \ 6.2.3 遥感图像主成分分析 \ tif1. tif');
b2 = imread('D: \ data \ 6.2.3 遥感图像主成分分析 \ tif2. tif');
b3 = imread('D: \ data \ 6.2.3 遥感图像主成分分析 \ tif3. tif');
b4 = imread('D: \ data \ 6.2.3 遥感图像主成分分析 \ tif4. tif');
b5 = imread('D: \ data \ 6.2.3 遥感图像主成分分析 \ tif5. tif');
b6 = imread('D: \ data \ 6.2.3 遥感图像主成分分析 \ tif6. tif');
[x, y] = size(b1);
img0 = [reshape(b1, x * y, 1), reshape(b2, x * y, 1), reshape(b3, x * y, 1), reshape(b4, x * y, 1),
reshape(b5, x * y, 1), reshape(b6, x * y, 1)];
img1 = double(img0);
average = mean(img1);
img3 = img1 - repmat(average, x * y, 1);
c = cov(img3);
[coff, lam] = eig(c);
lam1 = lam(6: -1: 1, 6: -1: 1);
coff2 = coff(:, 6: -1: 1);
lam_ val = diag(lam1);
lam_ sum = sum(lam_ val);
lam_ n_ sum = sum(lam_ val(1: 3));
prop = lam_ n_ sum/lam_ sum;
result = img3 * coff2;
result2 = reshape(result, x, y, 6);
result3 = uint8(result2(:, :, 1) - min(min(result2(:, :, 1)))/max(max(result2(:, :, 1))) - min(min
(result2(:, :, 1)))) * 255);
imshow(result3);
hold on
result3 = uint8(result2(:, :, 2) - min(min(result2(:, :, 2)))/max(max(result2(:, :, 2))) - min(min
(result2(:, :, 2)))) * 255);
figure, imshow(result3);
result3 = uint8(result2(:, :, 3) - min(min(result2(:, :, 3)))/max(max(result2(:, :, 3))) - min(min
(result2(:, :, 3)))) * 255);
figure, imshow(result3);
result3 = uint8(result2(:, :, 4) - min(min(result2(:, :, 4)))/max(max(result2(:, :, 4))) - min(min
(result2(:, :, 4)))) * 255);
figure, imshow(result3);
result3 = uint8(result2(:, :, 5) - min(min(result2(:, :, 5)))/max(max(result2(:, :, 5))) - min(min
(result2(:, :, 5)))) * 255);
figure, imshow(result3);
```

```
result3 = uint8(result2(:, :, 6) − min(min(result2(:, :, 6))))/max(max(result2(:, :, 6)) − min(min
(result2(:, :, 6)))) * 255);
figure, imshow(result3);
result2(:, :, 4: 6) = 0;
result_ new = reshape(result2, x * y, 6);
result_ ipca = result_ new * inv(coff2);
result_ ipcaz2 = result_ ipca + repmat(average, x * y, 1);
result_ ipcaz3 = reshape(result_ ipcaz2, x, y, 6);
figure, imshow(uint8(result_ ipcaz3(:, :, 1)));
C = cat(3, uint8(result_ ipcaz3(:, :, 3)), uint8(result_ ipcaz3(:, :, 4)), uint8(result_ ipcaz3(:, :,
5)));
figure, imshow(C);
```

运行结果如图 7-22 所示。

由上图可以看出，图像的主要成分主要集中在前三个主分量图像上，后三个图像大部分都是噪声。通过逆变换恢复原来的图像，这样，经过主成分变换后的前三个主分量，信噪比大，噪声相对小，突出了主要信息，达到了图像增强的目的。另外，经过主成分变换后，第一或前二或前三个主分量已经包含了绝大多数的地物信息，足够分析使用，同时数据量大大减少。应用中，常常只取前三个主分量作假彩色合成（如图 7-21h），数据量明显减少，既实现了数据压缩，也可作为分类前的特征选择。

7.2.4 基于 TM 影像的水体提取

水体是指天然或人工形成的水的聚集体。水体的物质组成、结构组织、形态空间分布特征等都与植被、土壤、人工建筑等明显不同。目前，水体提取的方法主要有水体指数法、多波段谱间关系法、比值法和决策算法等，其中最为常用的是多波段谱间关系法和水体指数法。下面以 Landsat TM 影像为例进行水体提取实验。

(1) 水体及典型地物的光谱特征分析

水体的反射率在可见光范围内总体上比较低，一般为 4%~5%，并具有随波长增大逐渐降低的特征，其反射率在蓝绿光波段最高，在近红外波段最低，几乎完全吸收。因此，水体在影像上呈暗色调，水陆接线相对比较清楚，利用此特征和不同波谱间的水体光谱特征可以将水体提取出来。

对 TM 影像中水体、阴影、植被和居民地等地物光谱特征的统计，见表 7-5。

表 7-5 水体及相关地物的典型光谱值（均值）

波段	水体	阴影	居民地	植被
1	80	62	85	68
2	64	37	71	40
3	55	30	74	42
4	32	29	75	98
5	17	18	75	66
7	13	11	55	34

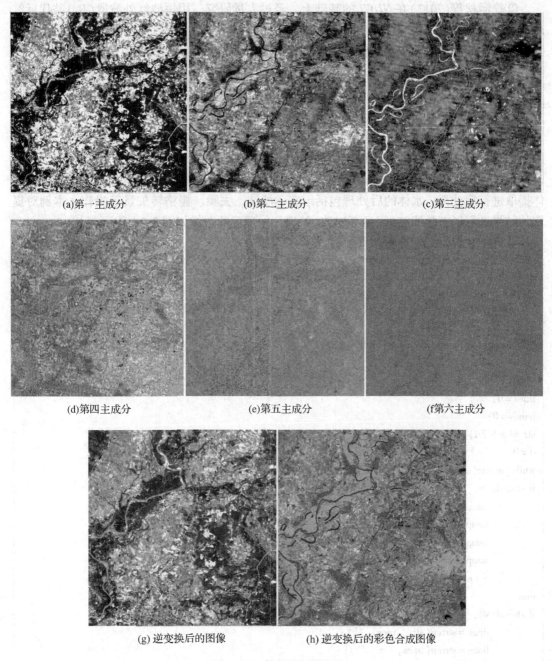

(a)第一主成分　　　　　(b)第二主成分　　　　　(c)第三主成分

(d)第四主成分　　　　　(e)第五主成分　　　　　(f第六主成分

(g) 逆变换后的图像　　　　　(h) 逆变换后的彩色合成图像

图 7-22　主成分分析结果

（2）典型水体提取模型

①归一化差异水体指数（ $NDWI$ ）是 McFeeters 在归一化植被指数（ $NDVI$ ）启发下提出的，其针对 TM 影像的计算公式为：

$$I_{NDWI} = \frac{B_2 - B_4}{B_2 + B_4} \tag{7-1}$$

145

②徐涵秋等(2013)在 *NDWI* 的基础上，经过大量研究，用短波红外波段(B_5)替代近红外波段(B_4)，构建了改进归一化差异水体指数(*MNDWI*)，该指数更有效地增大了水体与其他地物间的差异，利于水体信息提取。其针对 TM 影像的计算公式为：

$$I_{NDWI} = \frac{B_2 - B_5}{B_2 + B_5} \tag{7-2}$$

(3)实验过程

实验中采用 *MNDWI* 公式对遥感影像进行波段运算，并在此基础上进行阈值分割，分割阈值为 0.5，提取的水体如图 7-23 所示。

通过分析可以看出，经过阈值分割后的水体不连续存在较多的孔洞，因此，需要对水体提取进行后处理。水体的后处理包括形态学滤波、去噪、栅格转矢量等操作。本例对提取的结果进行形态学滤波(闭运算滤波)处理，处理后的图像如图 7-24 所示。

MATLAB 代码处理过程如下：

```matlab
clear all
clc
[filename pathname] = uigetfile('*.*','请选择 data \ 6.24 基于 TM 影像的水体提取 \ BSQ 遥感影像数据文件');
fid = fopen([pathname filename '.hdr']);
c = 0;
samples = 0;
lines = 0;
bands = 0;
str = fgetl(fid);
c = 0;
while(ischar(str)&&c < 3)
if strfind(str,'samples') > 0
        samples = strrep(str,'samples','');
        samples = strrep(samples,'=','');
        samples = strrep(samples,'','');
        samples = str2num(samples);
        c = c + 1;
end
if strfind(str,'lines') > 0
        lines = strrep(str,'lines','');
        lines = strrep(lines,'=','');
        lines = strrep(lines,'','');
        lines = str2num(lines);
        c = c + 1;
end
if strfind(str,'bands') > 0
        bands = strrep(str,'bands','');
        bands = strrep(bands,'=','');
```

```
        bands = strrep(bands,'','');
        bands = str2num(bands);
        c = c + 1;
end
    str = fgetl(fid);
end
fclose(fid);
data = zeros(lines, samples, bands);
img = fopen([pathname filename],'rb');
for i = 1: bands
    bi = fread(img, lines * samples,'uint8');
    x = reshape(bi, samples, lines);
    data(:,:, i) = x';
end
MNDWI = (data(:,:, 2) - data(:,:, 5))./(data(:,:, 2) +
        data(:,:, 5)); B = MNDWI > 0.5;
figure;
imshow(B);
se = strel('square', 3);
B = imclose(B, se);
figure;
imshow(B);
imwrite(B,'B. tif');
fclose(img);
```

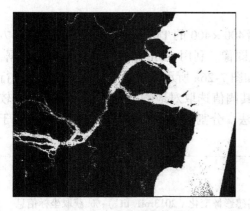

图 7-23　水体提取结果

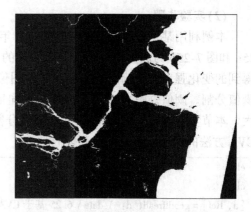

图 7-24　水体形态学滤波处理后的结果

7.2.5　基于 CVA 的遥感影像变化检测

变化检测是指借助多时相的遥感影像获得变化的地物信息的过程，其是环境监测、资源变化研究的重要手段。遥感影像的变化检测分为两阶段：第一阶段是变化信息提取，主要通过特定方法从多幅影像中提取信息；第二阶段是对变化信息进行分析。

本例采用变化向量分析(CVA)方法来进行遥感影像植被覆盖度变化信息提取,该方法已被广泛应用与遥感影像土地利用、覆盖度变化信息提取,并取得了不错的效果。

(1)CVA方法基本原理

CVA方法是 W. A. Malila 于1980年提出的一种变化向量检测方法,该方法利用光谱变化向量来描述前后两个时相间目标变化的方向和大小。该方法首先对两期影像进行差值运算,得到每个像元的变化值(变化向量),变化的强度用变化向量的欧氏距离表示,变化的类型用变化向量的方向表示。然后通过设置阈值,对变化强度图像进行分割,便准确得到变化区域。最后在变化区域内确定变化地物的类型。其数学模型如下:

设

时相 t_1、t_2 影像的像元灰级矢量分别为 $A = (a_1, a_2, \cdots, a_k)^T$

和 $B = (b_1, b_2, \cdots, b_k)^T$,$k$ 是波段数,

则光谱变化向量为:

$$\Delta G = \begin{bmatrix} a_1 - b_1 \\ a_2 - b_2 \\ \vdots \\ a_k - b_k \end{bmatrix} \tag{7-3}$$

ΔG 包含了两幅影像的所有变化信息,变化强度由 $|\Delta G|$ 决定。

$$|\Delta G| = \sqrt{(a_1 - b_1)^2 + (a_2 - b_2)^2 +, \cdots, + (a_k - b_k)^2} \tag{7-4}$$

$|\Delta G|$ 越大,表明影像的差异越大,变化发生的可能性越大。通过设置变化阈值,依据阈值对 $|\Delta G|$ 进行变化区域分割。$|\Delta G|$ 大于阈值的为发生变化的像元;小于阈值的为未发生变化的像元。

(2)实验步骤

本例利用某一区域的2013年和2015年两幅400×400的TM影像数据进行实验,图7-25a和图7-25b为两幅影像5、4、3波段的合成图像。利用CVA方法计算变化强度数据,得到的变化强度数据为一幅单波段灰度图像,如图7-26a所示。然后对变化强度数据进行阈值分割。阈值分割方法众多,对于不同地物其阈值选取对地物分割效果和精度影响较大。本节实验选用一种简单的otsu阈值分割方法,分割后的图像如图7-26b所示。基于CVA方法的遥感影像变化检测代码如下:

```
clear
clc
[a, Ref] = geotiffread('d: \ data \ 6. 25 基于CVA的遥感影像变化 \ 2013roi1. tif');% 获取坐标信息
[b, Ref] = geotiffread('d: \ data \ 6. 25 基于CVA的遥感影像变化 \ 2015roi1. tif');
info = geotiffinfo('d: \ data \ 6. 25 基于CVA的遥感影像变化 \ 2013roi1. tif');
a = double(a);
b = double(b);
%选择(3,4,5)波段;可选择对所有波段采用如下方法处理
Ra = a(:, :, 3);
```

```
Ga = a( :, :, 4);
Ba = a( :, :, 5);
Rb = b( :, :, 3);
Gb = b( :, :, 4);
Bb = b( :, :, 5);
CVA = sqrt( double( ( Ga - Gb). ^2 + ( Ra - Rb). ^2 + ( Ba - Bb). ^2)); % 求取变化强度
% 利用 otsu 算法进行分割阈值自动选取
level = graythresh( CVA);
dif = im2bw( CVA, level);
figure;
imshow( dif, [ ]), title( '变化检测结果');
imwrite( dif, 'change_ detection. bmp'); % 保存变化检测结果
figure, imshow( CVA), title( '变化强度');
geotiffwrite( 'CVA. tif', CVA, Ref, 'GeoKeyDirectoryTag',
info. GeoTIFFTags. GeoKeyDirectoryTag);
```

(a) 2013 年某区域遥感影像　　　　(b) 2015 年某区域遥感影像

图 7-25　2013 年、2015 年(5，4，3)波段合成图像

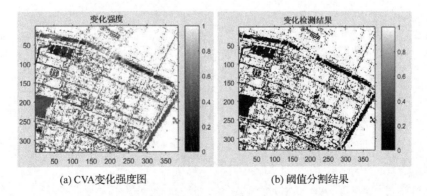

(a) CVA 变化强度图　　　　(b) 阈值分割结果

图 7-26　CVA 方法变化检测结果

图7-26a 为 CVA 方法计算的变化强度图，像元值越接近于1表示变化越大，差异越明显。对变化强度进行阈值分割后得到的结果为变化检测结果，其中白色代表变化的区域，黑色代表未发生变化的区域。得到变化检测结果之后一般还需要对变化检测精度进行评价，对变化区域进行分析，这部分内容较为复杂，本书不再赘述。

思考题

1. 利用 Matlab 处理遥感图像的优缺点有哪些？
2. 非标准格式的遥感图像如何读写和显示？
3. 分析图像加法运算和减法运算分别在哪些应用场合有优势。
4. 分析说明为什么直方图均衡化后，通常并不能产生完全平坦的直方图。
5. 如何利用 Matlab 实现遥感图像的缩放、旋转、裁剪等几何变换？
6. 如何利用 Matlab 实现遥感图像的均值滤波？
7. 如何在 Matlab 中计算一幅遥感图像的植被指数？

图7-26 CVA 方法变化检测图

下　篇
遥感图像处理实习

说　明

1. 根据上篇所讲内容，下篇共设 17 项目实习，内容覆盖了遥感图像处理的数据获取、读入、校正、增强、分类、分析、编程处理基础等各个方面。

2. 每一项实习分两个层次要求学生，首先是要求完成基本操作；在此基础上，提出任务要求(实习作业)，要求用基本操作解决具体问题，加深对操作的熟悉程度，同时对此操作的目的和意义有进一步的思考和理解。

3. 第 1 项实习基于网络环境第 2~14 项实习基于 ERDAS IMAGINE2013 平台，也可以此内容为据，在其他软件平台上实现；这部分内容主要是软件操作，为了考查学生的课程学习效果，本书没有列出详细操作步骤。

4. 第 15~17 项实习基于 IDL8.3，涉及编程基础内容，本书列出了较为详细的步骤。

实习一　遥感图像的下载

一、实习目的

掌握下载遥感图像的流程，了解相关网站。

二、实习内容

通过网络，免费下载一景遥感图像。

三、实习要求

①下载一景遥感图像(不限地点、平台、传感器、时间等)；

②说明下载的过程(截图和文字结合说明)，包括网站信息，数据查询条件设置、数据下载的方式等。

实习二　遥感图像信息的查询与统计

一、实习目的

①熟悉 ERDAS IMAGINE 2013 软件的操作界面及功能模块；

②掌握遥感图像信息的查询与统计。

二、实习内容

①图像显示操作(灰阶图像、彩色图像)；

②图像信息查询 (inquire cursor、metadata)；

③图像叠加显示(swipe、blend、flicker)；

④图像链接显示(link)；

⑤剖面工具(profile)(multispectral/utilities/profile tools)。

三、实习要求

明确每种操作的目的和作用，熟悉基本操作步骤。

四、实习作业

1. 记录像元亮度值

以专题图像(lnlandc. img)为参考，仔细观察图像(lanier. img)，记录以下几种典型地物在 TM 1~7 波段上像元亮度值的变化区间(每种地物选取 10 个点统计，点的选取要有代表性)。

地物 \ 影像	TM1	TM2	TM3	TM4	TM5	TM6	TM7
建设用地							
水体							
林地							
草地							
耕地							
裸地							
阴影							
白云							
其他目标地物							

2. 回答问题

①利用 TM 单波段影像，如何区分上表中的两种地物？

②不能利用 TM 单波段影像区分的地物，是否有其他区分方法？

实习三 遥感图像观察与解译标志的建立

一、实习目的

熟悉常见地物的影像特征。

二、实习内容

观察地物的影像特征并建立解译标志。

三、实习要求

仔细观察图像，认识不同地物的影像特征，建立解译标志。

四、实习作业

①用灰阶方式以及其他色彩合成方式显示遥感影像，观察影像在不同波段显示的异同，并以文字说明不同色彩合成方式对影像的表现力的影响。

②识别影像中的主要地物(5 种左右，见下表)，并说明识别特征。

序号	地物类型	解译标志
1	城市建设用地	
2	水体	
3	耕地	
4	林草地	
5	白云	
6	阴影	
7	其他目标地物	

③利用图像剖面工具绘出上述典型地物的光谱剖面曲线，并说明它对于图像解译的意义。

实习四　几何精校正

一、实习目的

掌握几何精校正的基本流程，并能够对校正结果进行评价。

二、实习内容

以 panAtlanta. img 为基准图像，校正 tmAtlanta. img。

三、实习要求

1. 实习步骤
①选取的 GCP 点数≥10 个；
②GCP 尽量均匀分布；
③总的 RMS≤1(pixel)，单点 RMS≤1(pixel)；
④保存 input. gcc 和 ref. gcc；
⑤保存校正结果图像文件；
⑥定性、定量评价校正结果的精度。

2. 实习总结
①总结实习过程中的经验和不足；
②根据参考文献，提高校正精度。

实习五　图像分幅裁剪

一、实习目的

熟练掌握对图像进行规则或不规则分幅裁剪的各种方法。

二、实习内容

1. 规则分幅裁剪
①指定矩形左上角(UL)和右下角(LR)两点的坐标裁剪；
②应用查询框(inquire box)裁剪；
③应用感兴趣区域(AOI)裁剪。

2. 不规则分幅裁剪
应用感兴趣区域(AOI)进行多边形裁剪：
①勾画多边形；

②利用种子生长工具生成多边形。

Arcinfo 多边形裁剪：

①生成并绘制、保存多边形矢量文件；

②多边形文件转换为栅格图像文件；

③掩膜运算(mask)实现图像裁剪。

三、实习作业

以兰州市安宁区行政界线图(安宁区界线图 . JPG)裁剪兰州市的多波段影像。

1. 实习步骤

①图像几何配准(以遥感影像为基准)；

②不规则分幅裁剪。

2. 动手动脑

可否利用 MAPGIS 或 ARCGIS 完成作业？如果可以，是如何进行的？

实习六　图像拼接(镶嵌)处理

一、实习目的

熟悉将若干相邻图像合并成一幅图像的流程。

二、实习要点

图像镶嵌的前提：要镶嵌的图像波段数相同；并且都有地图投影信息。

镶嵌质量评价要点：拼接后的图像反差一致，色调相近，没有明显的接缝。

三、实习内容

1. 卫星图像拼接(不用 seamline)

①启动图像拼接工具(mosaic)；

②加载拼接图像(add images)；

③设置图像叠置次序；

④匹配颜色(color correcting)；

⑤选择直方图匹配方式(overlap areas)；

⑥设置重叠区参数(set overlap function)；

⑦设置图像输出选项(output image option)；

⑧执行拼接(run mosaic)。

2. 航空影像拼接(用 seamline)

①启动图像拼接工具(mosaic)；

②加载拼接图像(add images)；

③生成裁切线(seamline)；

④匹配颜色(color correcting);

⑤选择直方图匹配方式(overlap areas);

⑥设置重叠区参数(set overlap function);

⑦设置图像输出选项(output image option);

⑧执行拼接(run mosaic)。

四、实习作业

①利用软件中提供的卫星影像(wasia1_ mss. img, wasia2_ mss. img, wasia3_ tm. img)和航空影像(air-photo-1. img, air-photo-2. img),按照演示步骤,分别完成卫星图像和航空影像的拼接,并写出实习报告。

②综合实习:利用几次实习所学操作手段,镶嵌给定的地图:map1. img 和 map2. img,并裁剪出行政区域。写出你的思路,遇到的问题,解决问题的过程和结果。

实习七　遥感图像增强

一、实习目的

理解各种常见遥感图像增强方法的原理,掌握在软件中实现遥感图像增强的操作方法。

二、实习内容

1. 空间增强(spatial enhancement)

①空间滤波 convolution(venezuela. img);

②非定向边缘增强 non-directional edge(venezuela. img)。

2. 辐射增强(radiometric enhancement)

①去条带处理 destripe TM data(tm_ striped. img);

②去除坏线 replace bad lines(badlines. img);

③直方图匹配 histogram match(wasia1. img, wasia2. img, wasia3. img);

④直方图均衡化 histogram equalization(lanier. img)。

3. 光谱增强(spectral enhancement)

①主成份变换 principal component(PC);

②逆变换 inverse principal component;

③缨帽变换 tasseled cap;

④色彩变换(RGB to HIS; HIS to RGB);

⑤图像运算 indices;

⑥自然色彩变换 natural color(spotxs. img)。

4. 图像融合(pan sharpen/resolution merge)

Resolution merge(spots. img, dmtm. img):

①Resolution merge；

②Modified HIS resolution merge；

③Wavelet resolution merge①。

三、实习要求

①明确各种增强方法所要达到的目的和效果；

②掌握各种图像增强的操作方法。

四、实习作业

提交实习报告，内容包括：

①实习过程；

②实习结果（结果图像以屏幕拷贝的方式粘贴到实习报告中）；

③结果评价（对每种操作所得到的效果作出评价，通过对比处理前后图像的信息、显示效果等方式来评价）；

④实习中遇到的问题及解决方法。

⑤回答下列问题：

a. 卷积增强处理时，采用不同类型、不同尺寸或不同方向的卷积核，结果会有何不同？

b. 若要对图像做平滑处理，如何设计模板？效果如何？

实习八　傅里叶变换去除噪声

一、实习目的

理解傅里叶变换的原理，学会读取傅里叶频谱图信息，掌握在软件中实现傅里叶变换去除噪声的操作方法。

二、实习内容

1. 傅里叶变换

Raster/scientific/Fourier analysis/Fourier transform

（tm_ striped. img　　tm_ striped. fft）

---

① 小波变换的限制首先，小波变换理论对高分辨率影像和多光谱影像的配准程度要求很高；其次，小波变换要求高分辨率影像的光谱范围和多光谱影像的光谱范围最好一致，如果光谱范围相差太大会导致光谱失真；然后，小波变换要求要进行融合的两幅影像没有暂时性的差异，也就是说不能出现以下的情况：一幅有植被，而另一幅相应地方的植被却以被砍伐、同一水域的面积在两幅影像上有差异；最后高分辨率影像的分辨率必须是多光谱影像分辨率的2的倍数。所以，如果要使用小波变化进行融合，最好是采用同一传感器同一时间同一地区不同波段的影像。（海敏，ERDAS IMAGINE 软件中的遥感影像融合方法初探——以梧州地区 IKONOS 影像为例，http：//www. digitalgx. com/article/RS/rs31. htm）

2. 傅里叶频谱滤波

Raster/scientific/Fourier analysis/Fourier transform editor

Open file/filters/low pass/radius 240/low frequency gain 1. 0

Save as

3. 傅里叶逆变换

Inverse transform

查看图像，和原图对比。

三、实习要求

①理解傅里叶变换的作用；

②学会读取傅里叶频谱图信息；

③掌握操作方法。

四、实习作业

实习操作图像：tm_ striped. img 和 tm_ 1. img.

实习九　空间建模

一、实习目的

掌握空间建模工具的操作方法，学会根据实际问题的要求利用空间建模工具完成相关图像处理。

二、实习内容

1. 简单空间建模

（1）明确问题

（2）构造模型

①放置对象图形；

②连接各个对象；

③定义对象；

④定义函数操作；

⑤运行模型。

③查看运行结果。

2. 条件操作函数的应用

三、实习要求

①熟练掌握空间建模的方法；

②学会用空间建模解决实际问题。

四、实习作业

1. 空间建模的方法实现

①计算 lanier. img 图像的归一化植被指数（*NDVI*）。

②对归一化植被指数图像做伪彩色变换，使植被显示为绿色、水体显示为蓝色、建筑显示为土黄色（或根据地图学知识，拟定更细致的颜色方案）。

2. 运用空间建模的方法实现

①乘积变换融合：

$$Bi\_new = Bi\_m * B\_h$$

式中 Bi_new——融合以后的波段数值（$i = 1, 2, \cdots, n$）；

Bi_m——多波段图像中的任意一个波段数值；

B_h——高分辨率遥感数据。

②比值变换融合：

$$Bi\_new = [Bi\_m / (Br\_m + Bg\_m + Bb\_m)] * B\_h ;$$

式中 Bi_new——融合以后的波段数值（$i = 1, 2, \cdots, n$）；

Br_m、Bg_m、Bb_m——多波段图像中的红、绿、蓝波段数值；

Bi_m——红、绿、蓝波段中的任意一个；

B_h——高分辨率遥感数据。

3. 提交实习报告

实习报告内容包括：

①实习过程；

②实习结果（结果图像以屏幕拷贝的方式粘贴到实习报告中，表现要清楚）；

③实习中遇到的问题及解决方法。

实习十　图像分类

①图像融合的其他方法：

设计流程，分别利用主成分分析的方法和色彩变换的方法实现图像的融合（实习图像：dmtm. img 和 spots. img，用 spots. img 分别代替 PC1 和 I 成分，再做逆变换）。

②利用缨帽变换的结果，选择恰当的阈值分别提取植被信息、水体信息、建筑信息。

③利用实习二作业的结果，粗略地对实习图像进行分类。

原理：伪彩色变换（密度分割）；

操作：条件函数；

要求：根据实习结果数据，选择某一波段或某几个波段，选择恰当的阈值进行图像的分割，使水体、林地、草地、耕地、建设用地、白云、阴影等地物能够明显区分。

实习十一　地形分析

一、实习目的

掌握在软件中生成地形高程模型（digital elevation model，DEM）并进行地形分析（terrain analysis）；遥感图像三维显示及视域分析的操作方法和流程。

二、实习内容

①DEM 的生成；
②地形分析；
③三维显示；
④视域分析。

三、实习步骤

1. 生成 DEM（Inpts. dat）
①启动模型（Terrain/Terrain Prep Tool/Surfacing Tool）；
②读入数据文件（Read/ASCII File/Inpts. dat）；
③定义参数；
④另存为 ＊. ovr 或 point coverage（save as）；
⑤生成 DEM（surfacing）。
Tips：Erdas 生成 DEM 时，支持输入的数据类型包括 ASCII 码点文件、Arcinfo 的 Coverage 点文件和线文件，ERDAS IMAGINE 的注记数据层，栅格图像文件。
所有输入数据必须有 X、Y、Z 值，输出的是一个连续的栅格图像文件。

2. 地形分析
①坡度分析（terrain/slope）；
②坡向分析（terrain/aspect）；
③高程分带（terrain/level slice）。
Tips：地形分析功能的各种操作几乎都以 DEM 为基础。

3. 三维图像操作（image drape）
①打开文件，查看 metedata（eldodem. img）；
②同一视窗打开对应的遥感图像文件（eldoatm. img）；
③点击右键，Start Image Drape with content；
④三维图像操作（显示参数设置 Utility/Options：DEM、Fog、Background。太阳光源参数设置：View/Sun Positioning；显示详细程度设置：View/LOD Control）；
⑤保存工程文件：save as ＊. vwp（VirtualGIS Project）。

4. 视域分析（terrain/viewshed）
依据 DEM 来分析一个或多个观测者的通视度、可视范围和阻挡范围。

①显示 DEM(2D、3D)；
②启动 Viewshed(terrain/viewshed)；
③定义视域分析参数(function & observers)；
④查看视域分析结果(raster attributes)；
⑤输出视域分析结果。

四、实习作业

通过地形分析，提取宜耕土地信息。(lnpts. dat，lanier. img，lnsoils. img，lnlandc. img，lnhydro. img)

实习十二　非监督分类

一、实习目的

通过实习，掌握在软件中实现非监督分类、分类精度评价及分类后处理的操作流程、步骤。

二、实习内容

①非监督分类。
②分类精度的评价。
③分类后处理。

三、实习步骤

1. 获取初始分类结果
①启动非监督分类；
②进行非监督分类。
2. 分类方案调整
①显示原图像与分类图像；
②调整属性字段显示顺序；
③定义类别颜色；
④设置不透明度；
⑤确定类别意义及精度；
⑥标注类别名称和颜色。
3. 评价分类精度
①分类叠加；
②精度评估。
4. 分类后处理
重编码、聚类分析、去除分析。

四、实习要求

①通过实习，掌握非监督分类流程；

②对原始图像进行非监督分类；

③评价分类结果，思考如何提高非监督分类的精度；

④进行分类后处理，使分类结果图更符合制图要求。

说明：

①地物类别包括：植被、建筑、水体等。也可自己选择调整；

②精度要求：总体精度≥80%，且 Kappa 系数≥0.6；

③提交实习报告：实习报告内容包括实习过程和体会，分类体系，分类结果图像（放到 Word 文档中），分类精度评估报告（15 点以上）。

实习十三　监督分类

一、实习目的

通过实习，掌握软件中各种定义和评价分类模板的方法；熟悉监督分类、精度评价及分类后处理的操作流程、步骤。

二、实习内容

①定义分类模板。

②评价分类模板。

③执行监督分类。

④分类精度评价。

⑤分类后处理。

三、实习步骤

具体操作之前，应该先对研究区域（lanier. img）有较深入的了解。利用专题图 ln-landc. img 图像对该区的土地覆盖类型做全面的了解和认识，在此基础上，建立分类体系。

1. 定义分类模板

①显示需要分类的图像；

②打开分类模板编辑器；

③调整分类属性字段；

④获取分类模板信息：

a. 应用 AOI 绘图工具；

b. 应用 AOI 扩展工具；

c. 应用光标查询扩展方法；

d. 在特征空间图像中应用 AOI 工具。

⑤保存分类模板。

2. 评价分类模板（操作方法，判断方法）

①分类预警评价(分布位置，重叠情况)；

②可能性矩阵(精度不低于85%)；

③模板对象图示(集中程度，重叠情况)；

④直方图绘制(集中程度，重叠情况)；

⑤类别统计分析(区间范围，离散程度)。

3. 执行监督分类

4. 评价分类结果

①分类叠加；

②分类精度评估。

5. 分类后处理

①聚类统计；

②去除分析；

③重编码。

四、实习作业

对 lanier. img 图像建立分类体系，生成分类模板，并用不同的方式评价模板，然后进行监督分类，要求总体精度达到80%以上，并且对其进行后处理，达到制图要求。

提交实习报告，内容包括：

①实习过程；

②实习结果(结果图像以屏幕拷贝的方式粘贴到实习报告中，表现要清楚)，实习中产生的模板文件；

③实习中遇到的问题及解决方法。

实习十四 专家分类器

一、实习目的

掌握在软件中对遥感图像进行专家分类(expert classifier)的操作方法和流程。

二、实习内容

①知识库的建立；

②知识分类器的应用。

三、实习步骤

1. 建立知识库

①启动知识工程师(knowledge engineer)；

②放置假设要素(place hypothesis);

③定义假设条件(enter rules for hypothesis);

④确定条件变量(enter variables for rule);

⑤完成条件定义(finish variables for rule);

⑥放置中间假设(add intermediate hypothesis);

⑦定义新的条件(create new rule);

⑧复制与编辑要素(copy and edit);

⑨测试知识库(test knowledge base);

⑩保存知识库(save knowledge base)。

2. 知识分类器(knowledge classifier)

①启动知识分类器;

②选择感兴趣分类;

③确定输出选择项;

④查看分类结果。

四、实习要求

①明确所要解决的问题及分类的条件;

②熟悉知识工程师(knowledge engineer)界面(菜单条、工具条、决策树一览区、知识库要素列表、知识库要素工具、知识库编辑窗口);

③熟练掌握建立知识库的方法(放置和定义假设要素(hypothesis)、定义假设条件(rules)、确定条件变量(variables);

④熟悉专家分类的流程。

五、实习作业

①利用 lnput. img 和 lanier. img 图像将居住区(residentialarea)和商业区(commercialdistrict)划分出来。

条件如下表所示:

类别	描述	提取规则	定义条件	需要的图像文件
居住区 (residentialarea)	城市中的植被覆盖区	城区	lnput. img 中值 = 7 的区域	lnput. img
		植被区	1. TM band2 < 35 2. TM band4 ≥ 21	lanier. img
商业区 (commercialarea)	城市中的高亮度区	城区	lnput. img 中值 = 7 的区域	lnput. img
		高亮区	1. TM band2 > 35 2. TM band4 ≥ 21	lanier. img

②仔细查看 lanier. ckb 知识库,仿照上表,写出其划分条件;并且根据这个表格,自己建立知识库,与 lanier. ckb 进行对照,找出问题,然后进行分类。

③根据实习一中作业 2 的结果建立知识库,进行专家分类并分析结果。

提交 3 个作业中建立的 3 个知识库文件(扩展名 ＊.ckb)和实习报告。

实习报告内容包括:

a. 实习过程;

b. 实习结果(结果图像以屏幕拷贝的方式粘贴到实习报告中);

c. 实习中遇到的问题及解决方法。

实习十五 IDL 基础

一、实习目的

通过实习,熟悉 IDL(interactive data language)基础知识,掌握数组创建、数组函数操作、字符串创建及函数操作。

二、实习内容

①IDL 操作界面;

②IDL 数据类型;

③IDL 语法基础。

三、实习步骤

(一)IDL 操作界面

IDL(interactive data language),1977 年由美国 Exelis VIS 公司开发。最大特点是面向矩阵,适用于大数据量的图像处理。

IDL 工作界面由菜单栏、工具栏、项目管理/变量跟踪窗口、程序编辑窗口(输入和编辑 IDL 代码,编写 IDL 过程或函数)、IDL 控制台(输入 IDL 命令行、显示程序执行结果)、状态栏等构成。

1. IDL 基础

(1)IDL 代码的表达方式

①命令行:以"IDL＞"开头表示在 IDL 控制台中以命令行方式输入。

②过程/函数:以"pro"开头、以"end"结束的语句表示 IDL 过程;以"function"开头、以"end"结束的语句表示 IDL 函数。

过程和函数一般在 IDL 界面的程序编辑窗口输入。

(2)IDL 规则

①大小写:IDL 语言不区分大小写。

②注释:用分号";"表示注释内容的开始,分号右边的任何文本被视为注释内容,程序执行时被忽略。恰当的注释可提高程序的可读性。

③续行符:用"＄"作续行符,表示 IDL 语句延续到下一行。即某条语句过长时,可用续行符分为若干行来写,同时不影响语句的整体性。

④续命令符:用"＆"作续命令符,用于一行中多条语句的分隔,IDL 将分别执行这些

语句。

（二）IDL 数据类型

IDL 数据类型可分为数字数据和非数字类型。

其中，数字数据包括 11 种类型（表 15-1）；非数字数据包括 6 种类型（表 15-2）。

表 15-1　IDL 数字数据类型

类型编码	数据类型	描述	字节数	范围
1	byte	字节型	1	$0-255$
2	int	整型	2	$-32768-32767$
12	uint	无符号整型	2	$1-65535$
3	long	长整型	4	$-2^{31}-2^{31}-1$
13	ulong	无符号长整型	4	$0-2^{32}-1$
14	long64	64 位长整型	8	$-2^{63}-2^{63}-1$
15	ulong64	64 位无符号长整型	8	$0-2^{64}-1$
4	float	浮点型	4	$-10^{38}-10^{38}$
5	double	双精度浮点型	8	$-10^{308}-10^{308}$
6	complex	复数	8	$-10^{38}-10^{38}$
9	dcomplex	双精度复数	16	$-10^{308}-10^{308}$

表 15-2　IDL 非数字数据类型

类型编码	数据类型	描述
7	string	字符串（0~32767 个字符）
8	struct	结构体，一个或多个变量的组合
10	pointer	指针
11	object	对象
	list	链表
	hash	哈希表

（三）IDL 语法基础

1. 变量

（1）变量的定义

变量是程序运行过程中值可以变化的数据。

IDL 变量的命名规则如下：

①第一个字符必须为英文字母；

②必须由英文字母、数字、下划线和美元符号" $ "组成；

③长度不超过 128 个字符；

④中间不能有空格；

⑤变量名不能是系统内部用于特殊用途的保留字名称。

（2）变量的基本操作

IDL 变量在使用前不需要事先声明，也不需要指定类型，可通过赋值形式直接进行定义，并且随时可以改变数据类型和维数。

表 15-3　IDL 变量的创建与转换

数据类型	描述	字节数	创建变量	类型转换函数
byte	字节型	1	0b	byte( )
int	整型	2	0	fix( )
uint	无符号整型	2	0u	uint( )
long	长整型	4	0L	long( )
ulong	无符号长整型	4	0uL	ulong( )
long64	64 位长整型	8	0LL	long64( )
ulong64	64 位无符号长整型	8	0uLL	ulong64( )
float	浮点型	4	0. 0	float( )
double	双精度浮点型	8	0. 0d	double( )
complex	复数	8	complex(0. 0, 0. 0)	complex( )
dcomplex	双精度复数	16	dcomplex(0. 0d, 0. 0d)	dcomplex( )
string	字符串	0~32767	' '或" "	string( )
pointer	指针	4	ptr_ new( )	none( )
object	对象	4	Obj_ new( )	none( )

通过赋值语句定义一个变量；然后改变数据类型

```
IDL > a = 2. 56
IDL > help, a
A        FLOAT =      2. 56000
IDL > print, a
    2. 56000
IDL > a = 3L
IDL > help, a
A        LONG =       3
IDL > help, fix(a)
 < Expression >       INT =       3
IDL > a = 3. 56
IDL > help, a
A        FLOAT =      3. 56000
IDL > help, double(a)
 < Expression >       DOUBLE =     3. 5600000
```

表 15-4 零数组和索引数组的创建函数

数据类型	零数组	索引数组
byte	bytarr( )	bindgen( )
int	intarr( )	indgen( )
uint	uintarr( )	uindgen( )
long	lonarr( )	lindgen( )
ulong	ulonarr( )	ulindgen( )
long64	lon64arr( )	l64indgen( )
ulong64	ulon64arr( )	ul64indgen( )
float	fltarr( )	findgen( )
double	dblarr( )	dindgen( )
complex	complexarr( )	cindgen( )
dcomplex	dcomplexarr( )	dcindgen( )
string	strarr( )	sindgen( )

2. 数组

数组是 IDL 中最重要的数据组织形式。

（1）创建数组的方式

①直接创建：

a. 利用方括号［ ］创建一维数组：

IDL > arr = [4, 5, 8, 3]

IDL > help, arr

IDL > print, arr

b. 创建多维数组：

ⅰ. 利用嵌套的方括号创建：

IDL > arr = [[4, 5, 8, 3], [12, 34, 78, 12]]

IDL > help, arr

IDL > ARR INT   = Array[4, 2]

IDL > print, arr

ⅱ. 利用已有数组嵌套创建：

IDL > a = [4, 5, 8, 3]

IDL > b = [12, 34, 78, 12]

IDL > c = [6, 5, 8, 8]

IDL > arr = [a, b, c]

IDL > help, arr

IDL > ARR INT   = Array[12]

IDL > print, arr

IDL > arr = [[a], [b], [c]]

IDL > help, arr

IDL > ARR INT = Array[4, 3]

IDL > print, arr

②利用函数创建(表 15-4):

a. 零值数组

IDL > arr = intarr(6)

IDL > print, arr

b. 索引数组

IDL > arr = indgen(6)

IDL > print, arr

IDL > arr = indgen(2, 2)

IDL > print, arr

c. 同值数组

函数 replicate:

语法: result = replicate(value, d_1[, …, d_8])

IDL > arr = replicate(3.2, 2, 3)

IDL > print, arr

d. 指定数组

函数 make_ array:

语法: result = make_ array(d_1[, …, d_8])[, dimension = vector][, value = value][, /index][, size = vector][, type = type_ code][, /byte|, /unit|, /long|, /ulong|, /164|, /u164|, /float|, /double|, /string|, /ptr])

IDL > arr = make_ array(3, 2, /int); 创建零值数组

IDL > print, arr

IDL > arr = make_ array(3, 2, /int, /index); 创建索引数组

IDL > print, arr

IDL > arr = make_ array(3, 2, value = 12L); 创建同值数组

IDL > print, arr

IDL > sz = [2, 4, 5, 2, 20]; sz 数组定义了某个数组结构

IDL > arr = make_ array(size = sz); size 函数返回结果包含: 数组维数(n), 每一维的大小(第 2 位到第 $n+1$ 位); 数据类型(见表 15-1、表 15-2 第一列), 数组元素的数目。

IDL > help, arr

IDL > print, arr

(2)数组的下标

IDL 中数组的下标从零开始, 表达形式为:

array[index]或(array_ expression)[index]

IDL > arr = indgen(3, 2)

IDL > print, arr

IDL > print, arr[1, 0]

IDL > print, arr[0, 1]

IDL > arr = indgen(6)

IDL > print, arr[2]

IDL > print, (arr * 5)[2]

利用下标索引提取数组中指定的元素：

IDL > arr = (indgen(8) + 1) * 10

IDL > print, arr

IDL > print, arr[2]；用标量下标

IDL > print, arr[2：4]；用标量下标范围

IDL > print, arr[*]；所有下标

IDL > print, arr[3：*]；特定下标之后的所有下标

IDL > index = [2, 3, 5]

IDL > print, arr[index]；下标用数组表示

IDL > i = 2

IDL > print, arr[i：i+2]；下标用数组表示

IDL > print, arr[−1], arr[−5]；下标用负数表示

(3)数组操作函数

①数组的基本信息：size

语法：

result = size(expression[, /n_ dimensions |, /dimensions |, /type |, /tname |, /n_ elements])

返回结果包括：数组维数(n)，每一维的大小(第2位到第n+1位)；数据类型、数据类型的名称、数组元素的数目。

IDL > arr = fltarr(10, 15)

IDL > print, size(arr)

2   10   15   4   150

也可单独返回各个信息：

IDL > print, size(arr, /n_ dimensions)

   2

IDL > print, size(arr, /dimensions)

   10   15

IDL > print, size(arr, /type)

   4

IDL > print, size(arr, /tname)

FLOAT

171

IDL > print, size(arr, /n_ elements)

　　150

②数组求余：mod

计算数组中各元素的余数。

IDL > arr = indgen(4)

IDL > print, arr

0　1　2　3

IDL > print, arr mod 2

0　1　0　1

③数组元素的查找：where

查找满足指定条件的数组元素，返回元素下标。

语法：

result = where(array_ expression [, /count] [, complement = variable] [, ncomplement = variable])

返回结果：符合条件的元素数目；不满足条件的元素下标；满足条件的元素下标。

IDL > arr = indegen(6) * 2

IDL > print, arr

IDL > w = where(arr gt 6, count, complement = w1)

IDL > print, w

　　4　　　5

IDL > print, count

　　2

IDL > print, w1

　　0　　1　　2　　3

IDL > print, arr[w]

　　8　　10

IDL > w = where(arr gt 5 and arr le 8, count)

IDL > print, w

　　3　　4

IDL > print, count

　　2

IDL > print, arr[w]

　　6　　8

二维数组：

IDL > findgen(4, 5)

IDL > print, arr

IDL > w = where(arr gt 16)

172

IDL > print, w

17 18 19

IDL > dims = size(arr, /dimensions)

IDL > ncol = dims[0]

IDL > col = w mod ncol；计算出一维下标对应的二维下标的列号

IDL > print, col

1 2 3

IDL > row = w/ncol；计算出一维下标对应的二维下标的行号

IDL > print, row

4 4 4

IDL > print, arr[col, row]

17.0000   18.0000   19.0000

④判断数组：array_ equal

用于判断两个数组是否完全相同。

语法：result = array_ equal(expression1, expression1[, /no_ typeconv])

返回值为0或1。

IDL > arr1 = [1, 1]

IDL > arr2 = [1b, 1b]

IDL > print, array_ equal(arr1, arr2)

1

IDL > print, array_ equal(arr1, arr2, / no_ typeconv)

0

3. 字符串

（1）创建字符串

字符串变量的创建非常简单，用单引号或双引号将变量内容括起来即可。

IDL > a = 'I am a student'（试试中文）

IDL > help, a

A   STRING   = 'I am a student'

IDL > IDL > a = "I am a   student"

IDL > help, a

A   STRING   = 'I am a student'

IDL > a = 'I am "a"student'

IDL > print, a

I am"a"student

IDL > a = "I am 'a' student"

IDL > print, a

I am 'a' student

创建字符串数组：

IDL > a = ['abc', '123']

IDL > help, a

A　　　　STRING　　　= Array[2]

IDL > print, a

IDL > a = strarr(5)

IDL > help, a

A　　　　STRING　　　= Array[5]

IDL > print, a

IDL > a = sindgen(5)

IDL > help, a

IDL > print, a

（2）字符串连接

①"+"号：

IDL > a = 'I' + 'am' + 'a student'

IDL > help, a

A　　　　STRING　　　= 'I am a student'

例如，利用字符串的连接功能生成一组有规律的字符串，如创建一组文件名（格式为：Day_ 001. txt、Day_ 017. txt、Day_ 033. txt、…、Day_ 353. txt）。

IDL > days = indgen(23) * 16 + 1; days 为整型数组；

IDL > fns = 'Day_ ' + string(days, format = '(i3.3)') + '. txt'; string() 为类型转换函数，把整型数组 days 转换为字符串数组；format 用于指定格式输出数据，i3.3 表示整数，3 个字符宽度，最右边 3 个字符中的空格用 0 填充。

IDL > print, fns

②函数 strjoin：

将一个字符串数组连接成一整个字符串。

语法：result = strjoin(string[, delimiter])

string 为字符串数组；参数 delimiter 为连接符。

IDL > a = ['I', 'am', 'a student']

IDL > help, strjoin(a, ' ')

< Expression >　　　STRING　　　= 'I am a student'

IDL > help, strjoin(a, '-')

< Expression >　　　STRING　　　= 'I-am-a student'

（3）字符串操作函数

①字符串比较：strcmp

用于对两个字符串变量进行比较。返回值为 0 或 1。

语法：result = strcmp(string1, string2[, n][, /fold_ case])

参数 n 指前 n 个字符；关键字 fold_ case 用于设置比较时不区分大小写。

IDL > print, strcmp('abcd', 'abc123', 3)

1

IDL > print, strcmp('abcd', 'abc123')

0

IDL > print, strcmp('abcd', 'Abc123', 3)

0

IDL > print, strcmp('abcd', 'Abc123', 3, /fold_case)

1

②字符串查找：strpos

用于查找一个字符串（子串）在另一个字符串（母串）中的位置。返回值为子串在母串中的下标（起始位置）。如果不包含，返回值为 –1；如果包含多个，只返回第 1 次出现的位置。

语法：result = strpos(expression, search_string[, reverse_search])

参数 expression 为母串；search_string 为子串；关键字 reverse_search 用于设置从母串的末尾开始向前查询。

IDL > help, strpos('abcdabcd', 'bc')

RESULT   LONG   =   1

IDL > help, strpos('abcdabcd', 'bc', reverse_search)

RESULT   LONG   =   5

③字符串取子串：strmid

用于从某一个字符串中取出一个子串。

语法：result = strmid(string, pos[, length])

参数 pos 用于设置从第几个字符开始取子串。参数 length 用于设置所取子串的长度。

IDL > help, strmid('abcdefgh', 2, 3)

RESULT   STRING   = 'cde'

实际工作中，经常结合两个函数，取出某些特定位置的信息。

例如，某一行字符串为'samples = 640'，提取列数具体值。

IDL > str_line = 'samples = 640'

IDL > pos = strpos(str_line, '=')

IDL > help, pos

POS   LONG   =   7

IDL > print, pos

IDL > ns = strmid(str_line, pos + 1)

IDL > help, ns

NS STRING   =   640

IDL > ns = fix(ns)

IDL > help, ns

NS INT   = 640

④字符串拆分：strsplit

用于将某个字符串拆分为若干个字符串。返回结果为子串的起始位置或子串所构成的字符串数组。

语法：

result = strsplit(string[, pattern][, count = variable][, /fold_ case][, /extract][, length = variable])

参数 pattern 为分割符（一个或多个），如未设置则默认空格或 Tab；count 用于返回分割后得到的子串的数目；关键字 fold_ case 用于设置比较字符串和分割符是不区分大小写；关键字 extract 用于设置返回分割完的子串构成的字符串数组；length 用于返回分割后各个子串的长度。

IDL > a = 'a, b, c, d, e, f, g'

IDL > b = strsplit(a, ', '); 返回子串起始位置

IDL > help, b

B LONG　　 = Array[7]

IDL > print, b

0 2 4 6 8 10 12

IDL > b = strsplit(a, ', ', /extract); 返回子串构成的字符串数组

IDL > help, b

B STRING　　 = Array[7]

IDL > print, b

a b c d e f g

IDL > a = 'a, b c; d < e > f/g'

IDL > b = strsplit(a, ', ; < >/', /extract, count = count); 多个分割符

IDL > help, b

B　STRING　　 = Array[7]

IDL > print, b

a b c d e f g

IDL > help, count

COUNT　LONG　　 = 　7

⑤字符串移除空格：strcompress

用于移除字符串变量中的空格。

语法：result = strcompress(string[, /remove_ all])

关键字 remove_ all 用于设置移除所有空格，如未设置，则将所有连续空格压缩成一个空格。

IDL > a = ' 0 1 2 3 4 a '

IDL > b = strcompress(a, /remove_ all)

IDL > help, b

IDL > print, b

IDL > c = strcompress(a)

IDL > help, c

IDL > print, c

⑥字符串与数值的转换:

用于将字符串变量与数值变量进行转换。

a. 函数 string

IDL > result = string(123)

IDL > help, result

RESULT   STRING = '   123'

还可将多个数值转换为一个字符串:

IDL > result = string(123, 456, 789)

IDL > help, result

RESULT   STRING = '   123   456   789'

还可以通过关键字 format 设定输出字符串的具体格式(表 15-5):

表 15-5　常用 format 格式代码

格式代码	输出效果
aN	N 个字符宽度的字符串方式输出,如省略 N,则输出所有字符
iN.M	N 个字符宽度的整数方式输出,最右边 M 个字符中的空格用 0 填充
fN.M	N 个字符宽度的单精度浮点型方式输出,小数点后精确到 M 位
dN.M	N 个字符宽度的双精度浮点型方式输出,小数点后精确到 M 位
eN.M	N 个字符宽度的科学计数方式输出,小数点后精确到 M 位
Nx	输出 N 个空格
/	换行输出

IDL > help, string(123, format = '(i4)')

RESULT   STRING = ' 123'

IDL > help, string(123, format = '(i4.4)')

RESULT   STRING = '0123'

IDL > help, string(123, format = '(f5.1)')

RESULT   STRING = '123.0'

IDL > help, string(123, format = '(f8.3)')

RESULT   STRING = ' 123.000'

b. 用函数 fix、long、float 等可以将字符串变量转换为对应的整型、长整型、浮点型等数值型变量。

IDL > help, fix('123')

RESULT   INT   =   123

⑦字符串读取：reads

用于从字符串变量中按照指定的格式读取数据。

语法：reads, input, var₁, …, var_n, [format = value]

input 为字符串变量；参数 var₁, …, var_n 用于按顺序存储从 input 中读入的数据（如预先没有定义，则默认为浮点型；如想输入其他类型数据，必须先创建该变量）；关键字 format 用于设置读入数据的格式代码（默认分隔符为逗号、空格和 Tab 键，参数为字符串变量时例外）。

IDL > str = '1 2 3 4'

IDL > reads, str, v1, v2, v3, v4

IDL > help, v1, v2, v3, v4

V1   FLOAT =   1.00000

V2   FLOAT =   2.00000

V3   FLOAT =   3.00000

V4   FLOAT =   4.00000

IDL > str = '1 2 3 4'

IDL > v1 = 0 & v2 = 0.0 & v3 = 0L & v4 = ' '

IDL > reads, str, v1, v2, v3, v4

IDL > help, v1, v2, v3, v4

V1   INT   =   1

V2   FLOAT =   2.00000

V3   LONG =   3

V4   STRING = '4'

当需要按照规定格式读入数据时，要用到关键字 format：

IDL > data = '35. 17272 105. 23156 26/10/2017 15：45：26'；纬度、经度、日期和时间

IDL > Lat = 0. 0 & Lon = 0. 0 & Date = ' ' & Time = ' '

IDL > reads, data, Lat, Lon, Date, Time, format = '(f8. 5, f9. 5, a10, a8)'

IDL > print, Lat, Lon, Date, Time

可能会出错！

设计：先移除字符串中的所有空格，然后再按照规定格式来读取数据，并用规定的格式输出数据。

IDL > data1 = strcompress(data, /remove_ all)

IDL > reads, data1, Lat, Lon, Date, Time, format = '(f8. 5, f9. 5, a10, a8)'

IDL > print, Lat, format = '(f8. 5)', Lon, format = '(f9. 5)'

四、实习作业

要求：所有的代码必须加注详细的注释说明内容。

①IDL 中数组的创建有哪些方法？用不同的方法创建数组（一维、二维），查询并解释

其基本信息、利用下标索引提取数组中指定的元素。

②创建一个一维整型数组，用 where 函数查找数组中大于6的数组元素，说出其位置、个数及具体的值。

③创建一个二维浮点型数组，用 where 函数查找数组中大于6的数组元素，说出其位置(行号、列号)、个数及具体的值。

④读入字符串 data =' 35. 17272 105. 23156 26/10/2017 15：45：26'，分别用 Lat，Lon，Date，Time 设置恰当的格式储存并输出；然后再将 Date 中的字符拆分出来。

⑤利用数组函数 size 查询图像 *NDVI* 的信息，并用 where 和 mean 函数计算图像 *NDVI* 的均值。

实习十六　IDL 编程基础

一、实习目的

通过实习，熟悉 IDL 过程与函数的编写格式，掌握基本的程序结构语句，熟悉程序文件建立与运行的流程。

二、实习内容

①过程的建立与运行；
②函数的建立与运行；
③控制语句。

三、实习步骤

IDL 程序文件(过程和函数)以"pro"或者"function"开头，以"end"结尾，需要先由 IDL 编译器编译成程序模块，然后再执行。程序文件是以"pro"为扩展名的 ASCII 码文件。

编写→保存→编译→执行

(一)过程的建立及运行
①过程程序的格式：
pro 过程名[，参数1，…，参数 n][，关键字，…，关键字 m]
　命令序列
end
过程文件要保存之后才能编译；编译通过之后才能运行。如果过程包含参数或关键字，运行时的语句为：过程名称[，参数1，…，参数 *n*][，关键字，…，关键字 m]。

【例1】计算 b = 18 * 15
Pro my_ pro_ 1
；该过程做乘法，没有参数或关键字
a = 18

```
    b = a * 15
    print, b
    end
```

②程序编译和运行的结果：

```
IDL >. compile - v' my_ pro_ 1. pro'
% Compiled module：my_ pro_ 1.
IDL > my_ pro_ 1
    270
```

```
Pro my_ pro_ 2, a
; 该过程做乘法，有一个参数 a
b = a * 15
print, b
end
```

③程序编译和运行的结果：

```
IDL >. compile - v' my_ pro_ 2. pro'
% Compiled module：my_ pro_ 2.
IDL > my_ pro_ 2, 18
    270
```

（二）函数的建立及运行

与过程相比，函数最大的区别是运行后会返回一个值。函数以"function"语句开始，以"return"语句返回函数计算结果，以"end"语句结束。

①函数的格式：

```
function 函数名[，参数1，…，参数 n][，关键字，…，关键字 m]
    命令序列
    return，表达式
end
```

函数的建立、编辑、保存和编译与过程非常相似，但调用方式不同。运行方式为：变量 = 函数名[，参数1，…，参数 n][，关键字，…，关键字 m]

```
function my_ func_ 1, a
; 该函数做乘法，有一个参数 a；
b = a * 15
return, b
end
```

②运行：

```
IDL > result = my_ func_ 1(18)
IDL > help, result
```

180

RESULT　INT　=　270

（三）控制语句

IDL 的程序主要有 3 种基本的程序结构：顺序结构、选择结构和循环结构。

1. 选择结构

（1）if 语句条件选择。

if 语句条件选择的基本形式有 3 种：

①if 后面的条件表达式为真时，执行单个语句或语句序列。

if 条件表达式 then 语句

或

if 条件表达式 then begin

　　　语句序列

endif

②当 if 后面的条件表达式为真时，执行单个语句或语句序列；为假时，执行 endelse 后面的单个语句或语句序列。

if 条件表达式 then 语句 1 else 语句 2

或

if 条件表达式 then begin

　　　语句序列 1

endif else begin

　　　语句序列 2

endelse

③当 if 后面的条件表达式为真时，执行单个语句或语句序列；为假时，执行 endif else if 后面的单个语句或语句序列…直到最后的 endelse 为止。根据多个条件表达式分别执行相应的语句或者语句序列。

if 条件表达式 1 then begin

　　　语句序列 1

endif else if 条件表达式 2 then begin

　　语句序列 2

endif else if 条件表达式 3 then begin

　　语句序列 3

……

endif else begin

　　语句序列 n

endelse

if 与 endif，else 与 endelse 必须配对使用。

【例2】根据下面的公式计算并输出 y 的值。

$$y = \begin{cases} \sqrt{x}, & x \geqslant 0 \\ \sqrt{-x}, & x < 0 \end{cases}$$

```
function my_ func_ 2, x
if x ge 0 then begin
    y = sqrt(x)
endif else begin
    y = sqrt( -1 * x)
endelse
return, y
end
```

if 语句还可以嵌套使用。

【例3】根据下面的公式计算并输出 y 的值。

$$y = \begin{cases} \sqrt{x}, & x \geqslant 1 \\ 1, & -1 < x < 1 \\ \sqrt{-x}, & x \leqslant -1 \end{cases}$$

```
function my_ func_ 3, x
if x ge 1 then begin
    y = sqrt(x)
endif else begin
    if x le -1 then begin
    y = sqrt( -1 * x)
endif else begin
        y = 1
endelse
endelse
return, y
end
```

(2) case 语句：根据一个变量或表达式的值来执行特定语句，适用于处理多分支的选择。

基本形式为：

```
case 表达式 0 of
        表达式 1：语句 1
表达式 2：语句 2
    表达式 3：begin
```

　　　　　　语句序列 1
　　　　　　end
……
表达式 n：语句 n
else：语句 n + 1
endcase

【例 4】输入数字 1 – 3，打印出对应的英文单词：

```
pro my_ pro_ 3, x
case x of
    1：print, 'one'
    2：print, 'two'
    3：print, 'three'
    else：print, 'Wrong'
endcase
end
```

```
pro my_ pro_ 4, x
case x of
    x ge 1：y = sqrt(x)
    x le 1：y = sqrt( – 1 * x)
    else：y = 1
endcase
end
```

（3）switch 语句：适用于处理多分支的选择，switch 语句会执行符合条件的 switch 分支后的每一个分支。

基本形式为：

```
switch 表达式 0 of
        表达式 1：语句 1
表达式 2：语句 2
    表达式 3：begin
                语句序列 1
                end
……
表达式 n：语句 n
else：语句 n + 1
endswitch
```

pro my_ pro_ 5, x

```
switch x of
    1：begin
        print, 'one'
        break
    end
    2：begin
        print, 'two'
        break
    end
    3：begin
        print, 'three'
        break
    end
    else：print, 'Wrong'
endswitch
end
```

基本形式为：

```
for i = m, n do 语句
```

或者

```
for i = m, n, the do 语句序列; inc; 语句长
结束
```

【例 5】求 1 – 100 之间所有数的和。

```
pro my_ pro_ 5
end
```

基本形式为：

```
switch x of
    1： begin
        print, 'one'
        break
    end
2： begin
        print, 'two'
        break
    end
3： begin
        print, 'three'
        break
    end
else： print, 'Wrong'
endswitch
end
```

（四）循环结构

①for 语句：最常用于循环次数已知的情况下重复执行循环体。

基本形式为：

for i = m, n do 语句

或者

for i = m, n, inc do 语句；inc 为步长

或者

for i = m, n, inc do begin

　　语句序列

endfor

【例5】计算 1 ~ 100 之间的所有整数之和。

```
pro my_ pro_ 6
    total = 0
for i = 1, 100 do
total = total + i
endfor
print, total
end
```

②while 语句：一般用于事先不能确定循环次数的情况，根据一个条件表达式来重复执行循环体。

基本形式为：

while 条件表达式 do 语句

或者

while 条件表达式 do begin

　　　语句序列

endwhile

循环过程中一定要有能够改变条件表达式的值，或采用其他方法跳出循环，以避免造成死循环。

pro my_ pro_ 7

total = 0

i = 1

whilei le 100 do begin

total = total + i

i = i + 1

endwhile

print，total

end

③repeat 语句：一般用于事先不能确定循环次数的情况，先执行循环体，再判断条件表达式的值。如果表达式值为假，继续循环执行语句序列，直到表达式值为真。

基本形式为：

　　　repeat 条件表达式 until 语句

或者

repeat begin

　　　语句序列

endrep until 条件表达式

pro my_ pro_ 8

total = 0

i = 1

repeat begin

total = total + i

i = i + 1

endrep until i gt 100

print，total

end

④continue 和 break 语句。

四、实习作业

要求所有的代码必须加注详细的注释说明内容。

用程序文件实现：创建一个二维 4 列 5 行的浮点型索引数组，用 where 函数查找数组中大于 16 的数组元素，输出其位置(行号、列号)、个数及具体的值。

实习十七　多波段遥感数据的读写及运算

一、实习目的

通过实习，掌握在 IDL 中读写 ASCII 码文件和二进制码多波段遥感数据的方法，掌握波段运算、图像掩膜、显示结果图像的方法。

二、实习内容

①标准输入输出。
②文件的相关操作。
③读写二进制文件。
④图像数据的显示。

三、实习步骤

(一)标准输入输出

标准输入是指从键盘直接输入数据；标准输出是指将数据直接输出到屏幕显示。

1. 标准输入

过程 read 用于从键盘读入数据。

语法：read, var1, …, varn[, prompt = string]

var 用于按顺序接收从键盘输入的数据；关键字 prompt 用于设置输入数据时的提示信息。

IDL > read, a, b, prompt = '请输入值'
请输入值：12
请输入值：12.3
IDL > help, a, b
A　　FLOAT　=　　　12.0000
B　　FLOAT　=　　　12.3000
IDL > reads, str, v1, v2, v3, formart = '( )'
读入字符串变量

2. 标准输出

过程 print 用于将数据输出到控制台显示。

语法：print, expr$_1$, …, expr$_n$[, format = value]

IDL > print, lat, lon, date, time, format = '(f8.5, f9.5, a10, a8)'

(二)文件的相关操作

1. 文件的打开和关闭

IDL 对文件的读写操作通过逻辑设备号完成。一般通过 get_ lun 和 free_ lun 来动态设置逻辑设备号。

IDL 提供了 3 个过程来打开文件：

openr(打开一个文件进行读操作)，语法：openr, lun, fname, /get_ lun

openw(打开一个文件进行写操作)，语法：openw, lun, fname, /get_ lun

openu(打开一个文件进行读写操作)，语法：openu, lun, fname, /get_ lun

IDL > cd, 'f: \ wj \ '; 切换到此路径

IDL > fn = '温度数据 . txt'

IDL > openr, lun, fn, /get_ lun

IDL > help, /file

Unit   Attributes   Name

IDL > help, lun

LUN   LONG =   100

对文件的操作完成之后，要用 free_ lun 过程关闭该文件对应的逻辑设备编号。

语法：free_ lun[, lun₁, …lunₙ]

IDL > free_ lun, lun

IDL > help, /file

2. 文件的其他操作

①文件的选择：函数 dialog_ pickfile

语法：result = dialog_ pickfile([, /directory][, filter = string/string array][, title = string][, get_ path = variable][, path = string])

IDL > fn = dialog_ pickfile( )

IDL > help, fn

IDL > fn = dialog_ pickfile(filter = [' * . txt', ' * . dat'] $, title = '选择数据文件')

②获取文件信息：

a. 函数 file_ lines 用于查询文本文件的行数。

语法：result = file_ lines(fname)

IDL > fn = dialog_ pickfile( )

IDL > print, file_ lines(fn)

b. 函数 fstat 用于获取文件的基本信息，返回结果为结构体变量。

语法：result = fstat(lun)

参数 lun 为文件所对应的逻辑设备号。

IDL > fn = ' a. txt'

IDL > openr, lun, fn, /get_ lun

IDL > finfo = fstat(lun)

IDL > help, finfo

(三)读写文件及波段运算、掩膜运算

从文件的编码方式来看，文件可分为 ASCII 码文件和二进制码文件两种。ASCII 码文

件也称文本文件，在磁盘中存放时每个字符对应一个字节(8 位)。最常见的 ASCII 码文件是 txt 文本文件、IDL 的程序文件(.pro)、C 语言的程序文件、matlab 的程序文件等。

　　二进制文件以二进制的编码方式存放数据，比 ASCII 码文件紧凑，节省存储空间，常用于存储大数据文件。以 ENVI 文件格式为例，头文件为 ASCII 码文件，数据文件则为二进制格式。

1. 读取 ASCII 码文件

过程 readf 用于读入 ASCII 码文件。

语法：readf, lun, var$_1$, …, var$_n$

参数 lun 为文件所对应的 逻辑设备号，参数 var$_1$, …, var$_n$ 用于按顺序存储从文件读入的数据。

【例 1】读取一个 ENVI 图像文件的头文件(扩展名为 *.hdr)，从中提取出图像数据的列数(ns)、行数(nl)、波段数(nb)、数据类型编码(data_ type)和多波段数据存储方式(interleave：BIP、BIL、BSQ)。

　　思路一：

　　①读入 ASCII 码文件，内容传输到字符串数组 arr 中(可能用到的函数和过程：dialog_ pickfile()，openr, readf, file_ lines()，strarr())；

　　②将 arr 变为一个不含空格的字符串(可能用到的函数和过程：strjoin()，strcompress())；

　　③读取字符串，并将几部分内容分别存储到几个变量中 (可能用到的函数和过程：reads)；

　　④拆分变量，必要时改变数据类型，分别得到 ns, nl, nb, data_ type 和 interleave 信息(可能用到的函数和过程：strpos()，strmid()，strsplit())。

　　思路二：

　　①②同思路一；

　　③在字符串中查找关键信息位置，并以正确格式获取信息(可能用到的函数和过程：strpos()，strmid()，strsplit())。

2. 读取二进制文件

读取二进制文件之前，必须要知道二进制文件的维数、数据类型及存储顺序。

过程 readu 用于读取二进制文件。

语法：readu, lun, var$_1$, var$_2$, …, var$_n$

参数 lun 为文件所对应的 逻辑设备号，参数 var$_1$, var$_2$, …, var$_n$ 用于按顺序存储从文件读入的数据。

【例 2】读取一个二进制格式多波段遥感图像文件，并将读入的遥感数据通过参数传输出来：

IDL > ns = 512 & nl = 512 & nb = 7

IDL > data = bytarr(ns, nl, nb)

```
IDL > help, data

IDL > print, data[511, 511, 4]

IDL > fn = dialog_ pickfile( )
IDL > openu, lun, fn, /get_ lun
IDL > readu, lun, data
IDL > help, data

IDL > print, data[511, 511, 4]

IDL > free_ lun, lun
```

3. 写入二进制文件

过程 writeu 用于读取二进制文件。

语法：writeu, lun, var$_1$,…, var$_n$

参数 lun 为文件所对应的 逻辑设备号，参数 var$_1$,…, var$_n$ 按顺序被写入对应的文件中。

【例 3】计算例 2 中遥感数据(data)的 ndvi：

```
IDL > NIR = data[ * , * , 3]
IDL > R = data[ * , * , 2]
IDL > ndvi = (float(NIR) − R)/( float(NIR) + R)
```

【例 4】将 ndvi 中 <0 的值掩膜为零值：

```
IDL > print, min(ndvi)
IDL > w = where(ndvi lt 0, count)
IDL > if count gt 0 thenndvi[w] = 0
IDL > print, min(ndvi)
```

【例 5】将 ndvi 保存成二进制文件：

```
IDL > o_ fn = dialog_ pickfile(title = 'save as')
IDL > openw, lun, o_ fn, /get_ lun
IDL > writeu, lun, ndvi
IDL > free_ lun, lun
```

(四)图像的显示

1. 过程 tv 对图像不作处理直接显示

语法：tv, image[, x, y][, /order][, true = {1, 2, 3}]

参数 image 为图像变量；参数 x 和 y 用于设置图像在窗口中的位置，为图像左下角的起始坐标(单位为像元)；关键字 order 用于设置图像纵坐标从上往下算；关键字 true 用于设置图像的像元值存放顺序：1, 2, 3 分别对应 BIP, BIL 和 BSQ, 表达式分别为[3, m, n]、[m, 3, n]和[m, n, 3]。

窗口默认尺寸为 640 * 400; 可调整。

【例6】调整窗口尺寸, 显示上例中的 ndvi:

IDL > sz = size(ndvi)

IDL > print, sz

IDL > ns = sz[1] & nl = sz[2]

IDL > window, xsize = ns, ysize = nl

IDL > tv, ndvi, /order

2. 过程 tvscl 将图像线性拉伸到 0 – 255 的值域区间后再显示

语法：tvscl, image[, x, y][, /order][, true = {1, 2, 3}]

IDL > tvscl, ndvi, /order

四、实习作业

1. 实习材料

①ASCII 码文件：lanier. hdr。

②二进制码的多波段图像数据文件：lanier。

2. 实习要求

①读入 lanier. hdr, 提取 ns, nl, nb, data_ type, interleave 等信息。

②读入图像数据文件。

③计算归一化植被指数 NDVI。

④进行图像掩膜运算。

⑤将图像存储为二进制码文件。

⑥显示图像：多波段彩色组合显示、灰阶显示。

参考代码：

```
pro read_ rs_ t2
fn = dialog_ pickfile(title = '选择头文件', filter = ' * . hdr')
openr, lun, fn, /get_ lun
arr = strarr(file_ lines(fn))
readf, lun, arr
help, arr
str = strjoin(arr, ");
sample_ pos = strpos(str, 'samples')
sample_ info = strmid(str, sample_ pos)
; print, sample_ info
ns_ pos = strpos(sample_ info, ' = ')
ns = strmid(sample_ info, ns_ pos + 2)
```

```
ns = fix( ns )
help, ns


line_ pos = strpos( str, 'lines' )
line_ info = strmid( str, line_ pos )
; print, line_ info
nl_ pos = strpos( line_ info, ' = ' )
nl = strmid( line_ info, ns_ pos + 2 )
nl = fix( nl )
help, nl


band_ pos = strpos( str, 'bands' )
band_ info = strmid( str, band_ pos )
; print, band_ info
nb_ pos = strpos( band_ info, ' = ' )
nb = strmid( band_ info, nb_ pos + 2 )
nb = fix( nb )
help, nb


type_ pos = strpos( str, 'data type' )
type_ info = strmid( str, type_ pos )
; print, band_ info
type_ pos = strpos( type_ info, ' = ' )
type = strmid( type_ info, type_ pos + 2 )
type = fix( type )
help, type


interleave_ pos = strpos( str, 'interleave' )
interleave = strmid( str, interleave_ pos + 13, 3 )
help, interleave
free_ lun, lun



data = bytarr( ns, nl, nb )
fn = dialog_ pickfile( title = '选择多波段图像文件' )
openu, lun, fn, /get_ lun
readu, lun, data
free_ lun, lun
```

191

```
redchannel = data[ * , * , 3 ]
greenchannel = data[ * , * , 2 ]
bluechannel = data[ * , * , 1 ]
imageRGB = [ [ [ redchannel ] ], [ [ greenchannel ] ], [ [ bluechannel ] ] ]
window, 1, xsize = ns, ysize = nl, title = 'view1: multispectral image', xpos = 0, ypos = 0
tvscl, imageRGB, /order, true = 3
nir = data[ * , * , 3 ]&r = data[ * , * , 2 ]
ndvi = ( float( nir ) - r )/( float( nir ) + r )
sz = fix( size( data ) )
ns = sz[ 1 ]&nl = sz[ 2 ]&nb = sz[ 3 ]
data_ type = sz[ 4 ]
out_ fn = dialog_ pickfile( title = 'save as' )
openw, lun, out_ fn, /get_ lun
writeu, lun, ns, nl, nb, data_ type
writeu, lun, ndvi
free_ lun, lun
window, 2, xsize = ns, ysize = nl, title = 'view2: ndvi - no stretch', xpos = 513, ypos = 0
tv, ndvi, /order
window, 3, xsize = ns, ysize = nl, title = 'view3: ndvi - stretch', xpos = 0, ypos = 513
tvscl, ndvi, /order
print, '掩模前 ndvi 最小值为:', min( ndvi )
w = where( ndvi lt 0, count )
if count gt 0 thenndvi[ w ] = 0
print, '掩模后 ndvi 最小值为:', min( ndvi )
window, 4, xsize = ns, ysize = nl, title = 'view4: ndvi - mask', xpos = 513, ypos = 513
tvscl, ndvi, /order
end
```

参考文献

仇肇悦, 李军, 郭宏俊 . 1995. 遥感应用技术[M]. 武汉: 武汉测绘科技大学出版社 .

邓书斌, 陈秋锦, 杜会建, 等 . 2014. ENVI 遥感图像处理方法[M]. 2 版 . 北京: 高等教育出版社 .

董彦卿 . 2012. IDL 程序设计——数据可视化与 ENVI 二次开发[M]. 北京: 高等教育出版社 .

国家国防科技工业局高分观测专项办公室 . 2015. 高分辨率对地观测系统重大专项地面系统运行管理暂
    行办法 .

韩晶, 刘浩 . 2013. MATLAB R2012a 完全自学一本通[M]. 北京: 电子工业出版社 .

韩培友 . 2006. IDL 可视化分析与应用[M]. 西安: 西北工业大学出版社 .

何超, 岳彩荣, 陈建珍, 等 . 2007. IRS 遥感卫星图像地形校正[J]. 东北林业大学学报, 35(7): 59 – 63.

李德仁, 罗晖, 邵振峰 . 2016. 遥感技术在不透水层提取中的应用与展望[J]. 武汉大学学报(信息科学
    版), 41(5): 569 – 578.

李小文 . 2008. 遥感原理与应用[M]. 北京: 科学出版社 .

理想低通滤波器、巴特沃斯低通滤波器和高斯低通滤波器 http://blog. csdn. net/zhoufan900428/article/de-
    tails/17194289 [OL]

利拉桑德, 等 . 2016. 遥感与图像解译[M]. 7 版 . 彭望录, 等译 . 北京: 电子工业出版社 .

刘炜, 王聪华, 赵尔平, 等 . 2014. 基于面向对象分类的细小河流水体提取方法研究[J]. 农业机械学报,
    45(7): 237 – 244.

梅安新, 彭望录, 秦其明, 等 . 2001. 遥感导论[M]. 北京: 高等教育出版社 .

日本遥感研究会 . 2011. 遥感精解 [M]. 修订版 . 刘勇卫译 . 北京: 测绘出版社 .

孙家抦 . 2009. 遥感原理与应用[M]. 武汉: 武汉大学出版社 .

王成墨 . 2016. MATLAB 在遥感技术中的应用[M]. 北京: 北京航空航天大学出版社 .

韦玉春 . 2011. 遥感数字图像处理实验教程[M]. 北京: 科学出版社 .

韦玉春, 汤国安, 汪闽, 等 . 2015. 遥感数字图像处理教程[M]. 2 版 . 北京: 科学出版社 .

吴礼斌, 李柏年 . 2018. MATLAB 数据分析方法[M]. 2 版 . 北京: 机械工业出版社 .

徐涵秋 . 2005. 利用改进的归一化差异水体指数(MNDWI)提取水体信息的研究[J]. 遥感学报, 9(5):
    589 – 596.

徐涵秋, 张铁军, 黄绍霖 . 2013. Landsat-7 ETM + 与 ASTER 建筑指数的定量比较[J]. 地理研究, 32(7):
    1336 – 1344.

徐希孺 . 遥感物理[M]. 北京: 北京大学出版社 .

徐永明 . 2014. 遥感二次开发语言 IDL[M]. 北京: 科学出版社 .

杨日红, 李志忠, 陈秀法 . 2012. ASTER 数据的斑岩铜矿典型蚀变矿物组合信息提取方法 ——以秘鲁南
    部阿雷基帕省斑岩铜矿区为例[J]. 地球信息科学学报, 14(3): 411 – 418.

杨树文, 董玉森, 罗小波, 等 . 2015. 遥感数字图像处理与分析: ENVI5. x 实验教程[M]. 北京: 电子工
    业出版社 .

张婷婷 . 2011. 遥感技术概论[M]. 郑州: 黄河水利出版社 .

赵银娣 . 2015. 遥感数字图像处理教程——IDL 编程实现[M]. 北京: 测绘出版社 .

赵英时 . 2013. 遥感应用分析原理与方法[M]. 2 版 . 北京: 科学出版社 .

周建兴，岂兴明，段津毅，等．2008. MATLAB 从入门到精通[M]. 北京：人民邮电出版社．

周品，李晓东．2012. MATLAB 数字图像处理[M]. 北京：清华大学出版社．

周艺，谢光磊，王世新，等．2014. 利用伪归一化差异水体指数提取城镇周边细小河流信息[J]. 地球信息科学学报，16(1)：102 – 107.

朱文泉，林文鹏．2015. 遥感数字图像处理——原理与方法[M]. 北京：高等教育出版社．

Prasad S T. 2015. Remote sensing handbook[M]. Boca Raton CRC Press.

Richards J A. 2015. 遥感数字图像分析导论 [M].5 版. 张钧萍，谷延峰，陈时雨，等译. 北京：电子工业出版社．

Robert A. Schowengerdt，微波成像技术国家重点实验室译.2010. 遥感图像处理模型与方法[M].3 版. 北京：电子工业出版社．